세상에서 가장 영향력 있는
50인의 건축

BIG IDEAS

존 스톤스 지음 | 김현우 옮김

미술문화

ICONS OF CULTURE: ARCHITECTURE
Copyright © 2010 ELWIN STREET LTD
144 Liverpool Road, London, N1 1LA, UK www.elwinstreet.com
Korean translation rights © 2011 Misul Munhwa
Korean translation rights are arranged with Elwin Street Ltd. through Amo Agency Korea.

이 책의 한국어판 저작권은 아모 에이전시를 통해 저작권자와 독점 계약한 미술문화에 있습니다.
신 저작권법에 의해 한국 내에서 보호를 받는 저작물이므로 무단 전재와 무단 복제를 금합니다.

Picture credits:
Alamy: pp. 23, 27, 35, 41, 53, 62, 67, 71, 79, 87, 93, 107, 111, 124, 130, 145, 155, 163, 167, 171, 175, 183, 189, 192, 197, 200, 209, 214, 219, 227, 230, 237; Corbis: pp. 75, 82, 97, 139, 149, 205; Getty: pp. 13, 19, 44, 159, 179; Photolibrary: pp. 31, 59, 102, 117, 121, 135, 223

일러두기
이 책에 나오는 전문용어에 대해 간단한 설명으로 독자들의 이해를 돕고자 했습니다.
원주는 ● 표시, 한국어판의 옮긴이 주는 ★ 표시로 구별하였습니다.

세상에서 가장 영향력 있는
50인의 건축

초판 발행   2011. 5. 11
초판 2쇄   2015. 3. 2
지은이   존 스톤스
옮긴이   김현우
펴낸이   지미정
편집   문혜영
디자인   f205, 정민애
영업   권순민, 박장희
펴낸곳   미술문화

주소   경기도 고양시 일산 동구 중앙로 1275번길 38-10, 1504호
전화   (02)335-2964
팩스   (031)901-2965
등록번호   제10-956호
등록일   1994. 3. 30
ISBN   978-89-91847-81-1   04600
        978-89-91847-86-6 (세트)
값 13,000원

www.misulmun.co.kr

contents

006 ___ 들어가며

Part 1 20세기 이전

- 010 ___ 고대 로마의 건축을 부활시킨 건축가 필리포 브루넬레스키
- 014 ___ 고딕 성당 Gothic Cathedrals
- 016 ___ 신고전주의의 창시자 안드레아 팔라디오
- 020 ___ 영국 팔라디오 양식의 창시자 이니고 존스
- 024 ___ 이탈리아 바로크 건축의 선구자 지안 로렌조 베르니니
- 028 ___ 전통적인 런던의 설계자 크리스토퍼 렌
- 032 ___ 전형적인 고전주의 실내장식가 로버트 애덤
- 036 ___ 고전 건축 Classical Architecture
- 038 ___ 네오고딕 양식의 개척자 카를 프리드리히 싱켈
- 042 ___ 파리를 재건한 건축가 조르주 외젠 오스만
- 046 ___ 산업혁명과 철 구조물

Part 2 20세기 초기

- 050 ___ 미술과 공예를 접목시킨 선동가 찰스 프랜시스 앤슬리 보이지
- 054 ___ 전원주택단지 Garden Suburbs
- 056 ___ 최고의 방갈로 디자이너 찰스 섬너 그린과 헨리 매더 그린
- 060 ___ 독창적인 아르누보 건축가 빅토르 오르타
- 064 ___ 아르누보 양식의 교육자 헨리 반 데 벨데
- 068 ___ 미술과 공예를 부흥시킨 건축가 찰스 레니 매킨토시

072	사실주의 건축의 개발자 **오토 바그너**
076	빈 분리파의 공동 설립자 **요제프 마리아 올브리히**
080	빈 공방의 창시자 **요제프 호프만**
084	독창적인 아르누보 건축가 **안토니오 가우디**

Part 3 초기 모더니즘

090	장식에 반대한 모더니즘 건축가 **아돌프 로스**
094	마천루의 개척자 **루이스 헨리 설리번**
098	마천루 Skyscrapers
100	유기적인 모더니즘 건축가 **프랭크 로이드 라이트**
104	데 스테일 건축가 **게리트 리트펠트**
108	모더니즘의 창시자 **르 코르뷔지에**
112	모더니즘 Modernism
114	바우하우스의 설립자 **발터 그로피우스**
118	형식주의 모더니즘의 개척자 **루트비히 미스 반 데어 로에**
122	모더니즘 사회주택의 창시자 **야코뷔스 요하네스 피테르 오우트**
126	파시스트 이탈리아와 나치 독일의 건축
128	기능주의적 모더니즘의 창시자 **마르셀 브로이어**
132	영국 모더니즘의 기수 **베르톨트 루베트킨**
136	포스트모더니즘의 개척자 **필립 존슨**

Part 4 세기 중반의 모더니즘

142	현대 이탈리아식 설계의 수립자 **지오 폰티**
146	스칸디나비아 모더니즘의 창시자 **알바 알토**
150	사회주택 Social Housing

152	전후 덴마크의 모더니즘을 발전시킨 건축가 아르네 야콥센
156	브라질의 모더니즘 건축가 오스카르 니에메예르
160	전후 일본의 상징적인 건축가 단게 겐조
164	미국의 모더니즘을 주류 양식으로 대중화한 건축가 에로 사리넨
168	시드니 오페라하우스 설계자 요른 오베리 웃존
172	미 서부 해안 하이 모더니즘 건축의 창조자 리하르트 노이트라
176	조립 건축의 창시자 찰스 임즈와 레이 임즈
180	네오모더니즘 양식의 미술관 설계자 리처드 마이어

Part 5 포스트모더니즘에서 현재까지

186	하이테크 건축의 개척자 리처드 로저스
190	기술의 거장 노먼 포스터
194	일본 메타볼리즘 운동의 철학자 구로카와 기쇼
198	이 시대의 관습타파주의자 장 누벨
202	해체주의 건축가 프랭크 게리
206	포스트모더니즘 건축가이자 이론가 로버트 벤투리
210	포스트모더니즘 Post-Modernism
212	미국 포스트모더니즘의 상징 마이클 그레이브스
216	많은 추종자를 거느린 구상 건축가 이토 도요
220	분열된 형태의 창시자 다니엘 리베스킨트
224	21세기의 건축 이론가 렘 콜하스
228	유동적인 형태를 추구한 혁신자 자하 하디드
232	지속 가능한 건축 Sustainable Architecture
234	자재와 건축의 혁신자 자크 에르조와 피에르 드 무롱

| 238 | 색인 |

INTRODUCTION
들어가며

건축가는 우리의 생활 전반에 매우 중요한 역할을 한다. 건축가는 우리가 사는 공간을 만들어낸다. 위대한 건축 작품은 인류의 삶을 향상시키고 정신을 고양시킨다. 그러나 형편없는 설계는 고립과 고통을 불러올 수도 있다.

루트비히 미스 반 데어 로에는 이런 유명한 말을 남겼다.
"건축은 두 개의 벽돌을 조심스럽게 맞붙일 때 시작된다."
하지만 벽돌 두 개를 맞붙인 결과는 각양각색이다. 놀랍게도 우리가 접하는 건축 환경은 몇 안 되는 건축가들에 의해 창조되어온 것이다. 교회, 미술관, 오피스 건물, 사회주택 모두 마찬가지다. 이 책에서 그러한 건축가 중 가장 대표적인 인물들을 선별했다. 설계 과정과 자재 연구, 새로운 형식의 창조, 급진적인 사회 이론 개발, 과거 건축 양식에 대한 도전과 재해석 등 다양한 업적을 남긴 건축가들이다.
　그들의 정신과 그들이 일으킨 혁신을 알게 되면 그들이 우리 주변의 건축 환경에 어떠한 영향을 미쳤는지 깨닫게 될 것이다. 그러면 도시와 마을의 평범한 산책길마저 다르게 보일 것이다. 그들은 주변 환경에 대한 새로운 비전을 현실로 만들 수 있다는 엄청난 확신에 차올라 제도판 위 도면으로, 그리고

> " 모든 건축은 은신처다. 위대한 건축은 모두 그 공간 안의
> 사람들을 품거나 안아주거나 격상시키거나 자극한다. "
>
> 필립 존슨

실제 건축물로 자신의 아이디어를 실현했다.

이들이 설계한 혁신적인 건축물은 건축의 발전에 지대한 영향을 끼쳤다. 건축가는 전통 안에서 또는 전통에 대항하면서 과거와 현재의 동료 건축가들에게서 영향을 받는다. 그것은 건축사에서 두 갈래의 두드러진 경향으로 나타났다.

하나는 고대 그리스와 로마의 건축을 지향하는 고전주의이다. 고대 그리스와 로마의 건축물은 수세기에 걸쳐 서구 건축에 여러 차례 영감의 원천이 되었다. 이탈리아의 르네상스와 팔라디오에서부터 18세기와 19세기의 신고전주의, 그리고 최근에 와서는 나치 독일과 파시스트 이탈리아의 전체주의 정권, 20세기 포스트모더니스트에게도 영향을 주었다.

두 번째 경향은 전통과 단절해 급진적인 새로운 개념의 건축을 낳은 20세기 초의 모더니즘이다. 르 코르뷔지에와 같은 건축가의 시각은 우리가 사는 세상을 완전히 바꿔놓았다. 현재 우리는 모더니즘이 남긴 복잡한 유산을 극복하기 위해 여전히 노력 중이다.

엠파이어스테이트 빌딩, 시드니 오페라하우스, 빌바오의 구겐하임 미술관과 같은 건축물이 세워진 후 오로지 건물을 보기 위해 관광객이 몰려들었으며 이에 따라 상징적이고 극적인 건물을 설계하는 추세가 생겼다. 그러나 동굴로 돌아가겠다고 결심하지 않는 한 좋은 건축은 우리 일상의 삶에도 영향을 미칠 수 있고 또 미쳐야 한다.

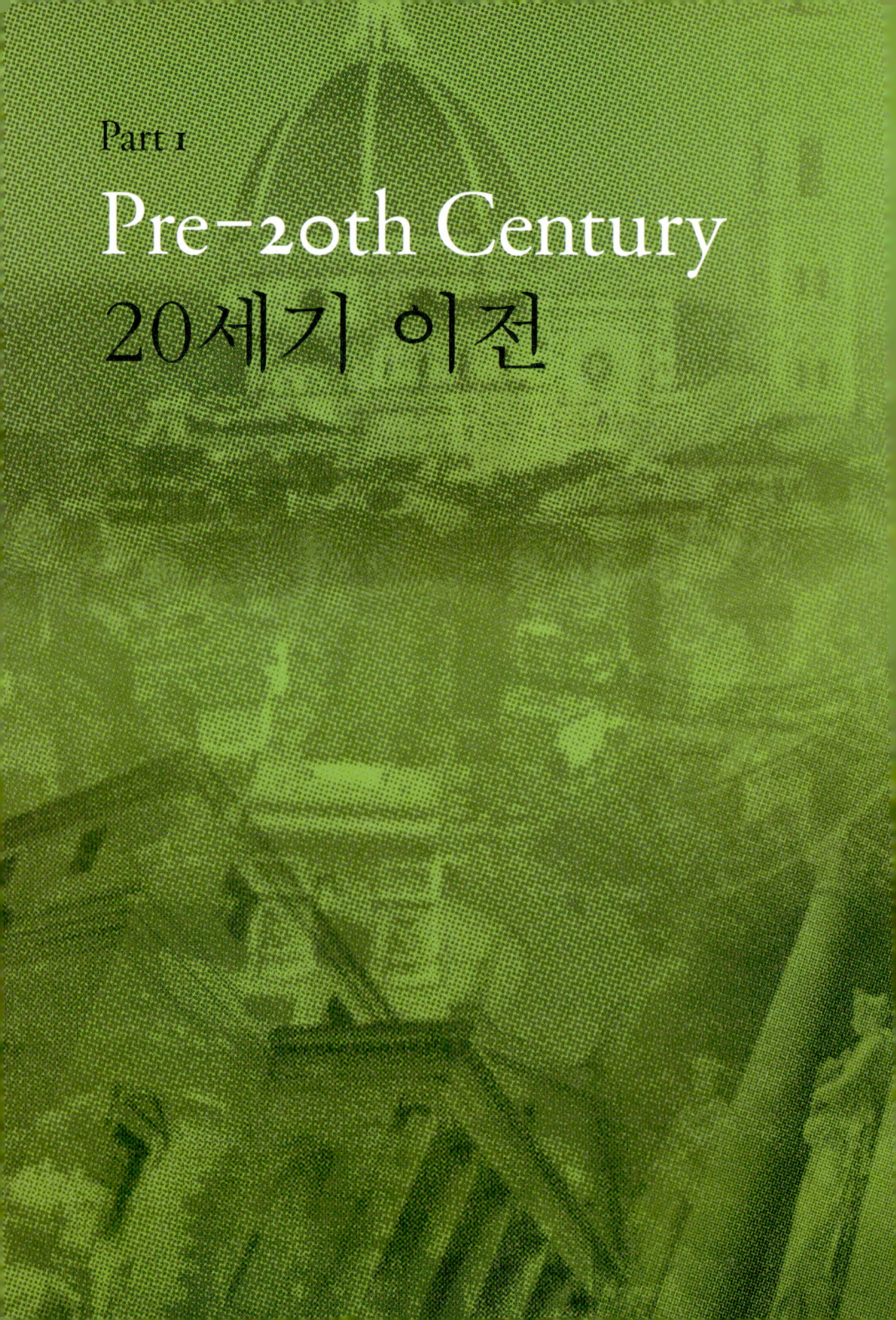

Part 1
Pre-20th Century
20세기 이전

고대 로마의 건축을 부활시킨 건축가
필리포 브루넬레스키

출생 1377년, 이탈리아 피렌체
의의 이탈리아 르네상스 시대에 고대 로마 건축에 대한 관심을 불러일으킨 건축가
사망 1446년, 이탈리아 피렌체

Filippo Brunelleschi

이탈리아 르네상스 초기의 가장 영향력 있는 건축가로 이후 수백 년 동안 유럽 건축에 영향을 미칠 고대 로마 건축을 심도 깊게 도입했다. 특히 피렌체 대성당 돔 건축으로 유명하다.

16세기 이탈리아 르네상스의 미술사가 바사리는 이후 유럽 문화에 중요한 영향을 끼친 피렌체의 건축가 필리포 브루넬레스키에 대해 이렇게 표현했다.

"브루넬레스키는 건축술의 혁신을 위해 하늘이 보낸 사람임에 틀림없다. 수백 년 동안 사람들은 이 예술을 방치해왔으며 그저 돈만 낭비했다. 체계 없이 서투르게 설계된 데다 이상한 창작물로 가득 차 있고, 부끄럽게도 품위라고는 전혀 없이 형편없는 장식이 난무해왔다."

바사리는 과거의 양식을 신랄하게 비판하며 '고딕Gothic'이라는 경멸이 담긴 명칭으로 불렀다. 브루넬레스키의 초기 작품에도 비현실적이며 화려한 고딕 양식이 나타난다. 그러나 그는 고대 로마를 재발견하는 데 몰두한 엘리트 사상가와 예술가 집단에 속해 있었고 이러한 사고를 건축계에 가장 적극적으로 도입했다.

그는 고대 유적지를 조사하기 위해 조각가 도나텔로와 함께 로마를 방문했다. 그곳에서 고대 로마 작가 비트루비우스(서기 15년경 사망)가 쓴《건축서De Architecura》의 건축 이론과 도면을 주의 깊게 연구했고 높은 수준의 수학적 계산을 바탕으로 합리적인 건축 방식을 재도입할 수 있었다. 브루넬레스키는 그때까지 유행하던 것보다 훨씬 단순한 구조를 설계했다. 또 고대의 방식에 따라 고전적 양식(도리아, 이오니아, 코린트 양식)을 정확하게 사용했다.

이런 새롭고 깔끔한 건축 양식은 1419년 그가 처음으로 맡은 주요 공사인 피렌체의 오스페달레 델리 인노첸티Ospedale degli Innocenti(인노첸티 고아양육원)에서 이미 분명하게 드러난다. 건물의 단순한 선과 절묘한 대칭은 당시 건축의 주요한 발전으로 평가된다.

브루넬레스키는 피렌체의 산타 마리아 델 피오레 대성당Cattedrale di Santa Maria del Fiore 앞의 큰 세례당 출입문을 설계하는 공모에 참가했지만 로렌초 기베르티에게 패배했다. 그 후 대성당 돔을 건설할 건축가를 뽑는 공모가 있었는데, 세도가인 메디치가의 지원을 받았던 브루넬레스키가 당선되었다. 그는 매끄러운 대리석 조각 위에 계란을 세워 보인 뒤 선택되었다고 전해진다.

한 세기 전에 계획된 이 성당의 원래 설계는 야심차게도 로마 판테온 신전Pantheon의 돔보다 더 큰 지름 45미터의 돔을 구상했다. 하지만 당시의 공학 기술로는 이렇게 엄청난 돔을 올리는 것은 불가능했다. 판테온 신전은 콘크리트로 지어졌으나 그 건축 방법은 전해지지 않았다.

브루넬레스키가 내놓은 해결책은 100만 개가 넘는 벽돌로 이루어진 유명한 팔각형 구조였다. 공사는 1420년에 시작되었고 완공하는 데만 16년이 걸렸다. 이 돔은 피렌체를 상징하는 아름다운 건물이자 구조공학의 대표적인 본보기가 되었다. 그는 이 밖에도 피렌체의 많은 성당과 종교적인 건축물들을 설계했다. 철저하게 금욕적인 느낌을 주는 유명한 산토 스피리토 성당Basilica of Santa Maria del Santo Spirito(1428)도 그 중 하나이다.

브루넬레스키가 남긴 가장 유명한 작품인
피렌체 대성당(산타 마리아 델 피오레 대성당)의 돔

GOTHIC CATHEDRALS
고딕 성당

1140년에서 1250년, 새로운 형태의 급진적인 건축물이 등장했다. 이는 건축가와 석공, 성직자들의 합작품이었다. 이 양식은 유럽 전역에 영향을 미쳤고 중세 후기 건축의 특징적인 형태가 되었다. 오늘날 고딕 양식으로 불리는 이 건축 양식의 가장 큰 특징은 프랑스 성당 건축들에서 볼 수 있는 화려하고 뛰어난 설계와 공학 기술이다.

고딕 양식은 1140년 파리 근방의 생 드니 성당Church of St Denis 성가대석 설계에서 시작되었다고 전해진다. 그러나 그 이후에 탄생한 다른 고딕 양식의 걸작들과 마찬가지로 그것을 구상하고 완성한 책임 기술자나 구조공학자, 석공, 조각가의 이름은 알려져 있지 않다. 다만 야심만만하며 권세 높은 성직자 쉬제 대수도원장이 건립을 추진했다는 사실만 전해진다.

  고딕 양식은 본래 프랑스식 양식이라고 알려져 있다. 고딕이라는 말은 르네상스 시대에 이 양식의 비고전적인 '야만성'을 나타내기 위해 쓰인 일종의 모욕적인 표현이었지만 후에 하나의 명칭으로 굳어졌다. 고딕 양식은 서서히 로마네스크 양식Romanesque style을 대체해갔다. 고딕 양식은 거칠고 튼튼한 로마네스크 양식과 구별되는 뚜렷한 특징이 있었다. 끝이 뾰족한 첨두아치, 갈빗대처럼 생긴 늑재가 사용된 둥근 천장, 플라잉 버트레스flying buttress가 그것이다. 생 드니 성당은 이러한 요소가 결합되어 완전히 새로운 건축물로 탄생했다. 고딕 양식의 구조적 특징이 서로 결합되면서 가벼워 보이는 건물을 지을 수 있게 되었고 건축물의 높이도 갈수록 높아졌다. 이 양식의 건물

> **고딕 양식의 성당은 경외심을 불러일으키는 하나의 종교다.**
> 새뮤얼 데일러 콜리지

은 하늘을 향해 올라가는 것처럼 보여 신도들의 경외심을 불러일으켰다.

모든 종류의 건물에 고딕 양식이 사용되었지만 그 중에서도 12~13세기에 재건축한 일 드 프랑스 지역 대성당들이 주목할 만하다. 각 도시들은 다른 도시보다 더 나은 성당을 세우기 위해 치열한 경쟁을 벌이며 이전의 건축적 시도를 능가하기 위해 애를 썼다. 수백 년이 지나서야 완공되는 건물도 흔했다.

랑 노트르담 대성당Notre Dame de Laon Cathedral(1160년경에 착공)은 초기 프랑스 고딕 양식의 좋은 예이다. 이 성당은 생 드니 성당 이후 수백 년 동안 건축된 아미엥, 루앙, 파리 노트르담, 보베, 샤르트르의 대성당들에 견주면 비교적 단순하다. 미완으로 남은 보베 대성당Beauvais Cathedral에는 48미터에 이르는 최고 높이의 신도석이 있는데, 이는 로마의 산 피에트로 대성당Basilica of St Peters이나 런던의 세인트 폴 대성당St Paul's Cathedral의 신도석보다 더 높은 것이다. 하지만 샤르트르 대성당Chartres Cathedral(1194년 착공)이 가장 뛰어나고 정교한 고딕 양식의 예로 흔히 꼽힌다.

고딕 양식이 발전하면서 벽면은 섬세한 장식물로 바뀌어 파리의 생트 샤펠 성당L'église Saint Chapelle(1248)의 경우는 스테인드글라스로 덮여 거의 보이지 않는다. 생트 샤펠 성당은 랭스 대성당Cathedral of Rheims(1211년경)과 더불어 '레요낭rayonnant'이라고 하는 극도로 장식을 구사한 그 시기 양식의 대표적인 건축물이다.

프랑스의 이웃 국가에서 건축된 대표적인 고딕 양식 성당으로는 영국의 캔터베리 대성당Canterbury Cathedral(1175)과 독일의 쾰른 대성당Köln Dom(1248)이 있다. 쾰른 대성당의 너비와 높이 비율은 다른 어떤 성당보다도 극적이다. 18세기 후반과 19세기에는 고딕 양식에 낭만주의를 부활시키려는 움직임이 있었다. 네오고딕Neo-Gothic 동향이 이에 포함되며, 1835년에 찰스 배리 경이 설계한 린던 국회의사당Houses of Parliament이 널리 알려진 예이다.

신고전주의의 창시자
안드레아 팔라디오

출생 | 1508년, 이탈리아 파도바
의의 | 팔라디오 양식을 만들었으며 신고전주의 건축을 일으킨 건축가
사망 | 1580년, 이탈리아 마세르

Andrea Palladio

신고전주의˙ 건축을 태동시켰다. 그가 설계한 르네상스 주택들은 유럽과 미국에서 널리 모방되었다. 모든 시대를 통틀어 가장 영향력이 있는 건축가로 꼽힌다.

안드레아 팔라디오는 베네치아 근처의 도시 파도바에서 보잘것없는 석공으로 출발하여 훗날 높은 지위에 올랐다. 여기에는 부유한 후원자이며 지성인인 잔 조르조 트리시노의 지원이 큰 몫을 했다. 팔라디오는 트리시노의 도움으로 로마에 가서 고대 건축 유적을 연구했다. 팔라디오의 본명은 안드레아 디 피에트로이지만 고전적인 느낌이 물씬 풍기는 팔라디오라는 이름으로 알려져 있다. 이는 트리시노가 붙여준 이름이다.

팔라디오는 베네치아 인근의 파도바와 비첸자라는 작은 마을에서 대부분의 건축 활동을 했다. 빌라 로톤다Villa Rotonda라고도 불리는 빌라 카프라Villa Capra(1566)를 포함해 그의 가장 유명한 건축물들이 이곳에 있다. 16세기에 건축한 새로운 전원주택의 전형이라고 할 수 있는 빌라 카프라는 고전적인 형태의 기둥이 서 있는 로지아★가 건물의 사면에 배치되어 있고 가벼운 분위기에 통풍이 잘되는 구조이다. 건물의 안과 밖은 연결되고 설계를 할 때 주변 풍경을 고려했다.

빌라 카프라는 중앙에 인상적인 원형 홀을 둔 완벽한 대칭 구조로 이루어져 있다. 중앙 홀에는 프레스코화가 빽빽하게 그려진 돔이 씌워져 있는데, 이는 판테온 신전의 영향을 받은 것이다. 빌라 카프라는 고대 로마의 건축 요소들을 가볍고 우아하게 보이도록 체계적으로 활용한 단순한 건물이다. 이러한 개념은 팔라디오

● 신고전주의Neo-Classicism
고대 그리스·로마 유산과의 다양한 문화적 연관관계를 표현할 때 쓰이는 용어.
특히 고전주의의 영향을 받은 18세기 유럽과 미국의 건축물 및 미술 작품을 설명하는 말이다.

★ 로지아loggia
한쪽 또는 그 이상의 면이 트여 있는 방이나 복도

가 1570년에 발표한 대규모의 전문서적《건축 4서I Quattro Libri dell'Architettura》에 상세하게 설명되어 있다. 이 책에는 팔라디오의 폭넓은 연구 결과가 담겨 있다.

그는 주로 귀족의 주택과 궁전 건축을 의뢰받았지만 베네치아의 산 조르조 마조레San Giogio Maggiore, 그리고 레덴토레Redentore 등의 성당도 설계했다. 그리고 그의 마지막 걸작은 극장 설계였다. 빈첸자에 위치한 현존하는 가장 오래된 극장 테아트로 올림피코Teatro Olimpico는 고대 로마 원형경기장의 영향을 받아 돌로 된 좌석이 반원 모양을 이루고 있다. 공사는 팔라디오가 세상을 떠나던 해에 시작되었으며 베네치아의 동료 건축가였던 빈센초 스카모치가 완공했다. 스카모치는 영구적이며 뛰어난 트롱프 뢰유* 무대를 만든 사람이다.

특히 팔라디오의 주택은 언제나 높은 평가를 받았고, 그랜드 투어*를 하는 부유한 관광객들이 유럽 곳곳으로 팔라디오 양식을 전파했다. 그의 건축물은 18세기에 번성한 팔라디오 양식이라는 새로운 건축 양식을 탄생시켰으며 미국 디프사우스*의 대형 농가, 백악관, 심지어 오늘날의 교외 주택에도 영향을 주었다.

★ 트롱프 뢰유 trompe l'oeil
눈속임이라는 뜻으로 언뜻 보기에 착시현상을 일으킬 만큼 사실적인 그림

★ 그랜드 투어 grand tour
영국 상류층들이 하던 유럽 일주 여행

★ 디프사우스 Deep South
미국 남부의 여러 주를 통틀어 부르는 말

팔라디오가 건축한 비첸자의 우아한 건물 빌라 카프라(1566).
많은 건축가가 모방한 건축물이다.

영국 팔라디오 양식의 창시자
이니고 존스

출생 | 1573년, 영국 런던
의의 | 영국에 고전주의 건축을 도입한 건축가
사망 | 1652년, 영국 런던

Inigo Jones

영국의 건축가 중에서 가장 먼저 이름을 알린 인물이다. 팔라디오 양식을 도입해 영국 건축이 다시금 유럽 본토의 건축과 보조를 맞출 수 있게 하였다. 그의 섬세하고 세련된 건물은 오랜 전통을 지닌 영국 신고전주의의 시초가 되었다.

이니고 존스는 런던의 가톨릭교도 직공 집안에서 태어났다. 그는 궁정 오락이나 가면극에 사용되는 다양하고 정교한 무대를 제작하고 의상을 디자인하는 일로 출발했다. 공식적인 교육을 받지 않은 채 극의 제작에 필요한 복잡한 구조물을 만들면서 건축을 배웠으며 그 일을 통해 귀족들과 친분을 쌓았다. 그들이 존스에게 건축을 의뢰하기 시작했고 해외에 나가 견문을 넓히도록 지원해주기도 했다.

존스는 이탈리아를 두 번 방문했다. 특히 팔라디오를 주의 깊게 연구했는데 팔라디오의 유명한 저작인 《건축 4서》를 읽고 빽빽하게 주석을 달았다고 한다. 1615년, 두 번째 이탈리아 방문에서 돌아온 존스는 공무국Office of Works의 영향력 있는 자리인 감독관으로 승진하여 왕족의 저택과 궁정 건축을 책임지게 되었다. 이때 존스는 초기 세인트 폴 대성당 재건축 계획에 깊이 관여했다. 그리고 코번트 가든*을 개발하면서 이탈리아의 광장 개념을 영국에 도입했다.

존스가 처음으로 의뢰받은 주요 건물은 제임스 1세(1566~1625)의 아내이자 덴마크 출신의 왕비인 앤을 위해 만든 그리니치의 저택이었다. 단순하고 절제된 이 건물 '퀸스 하우스Queen's House'의 구조는 이탈리아 건축의 영향을 많이 받았다. 흰색의 치장 벽토를 바른 깔끔한 외관은 붉은 벽돌이나 목재로 지어졌던 당시의 런던 건물들과 뚜렷하게 구별되었다.

★ 코번트 가든 Covent Garden
영국 런던에 있는 광장으로, 17세기에 만들어진 영국 최대의 청과물 시장과 왕립 오페라극장이 있다.

1619년, 화재로 소실된 연회장을 대체하는 뱅퀴팅 하우스Banqueting House를 착공했다. 이 공사는 화이트홀 궁전Palace of Whitehall을 재개발하려는 보다 광범위한 계획의 일부였지만 훗날 궁전의 재개발은 이루어지지 않았다. 뱅퀴팅 하우스는 제임스 1세와 그의 아들 찰스 1세를 위한 가면극과 그 밖의 장중한 의식용 연회에 쓸 수 있도록 대규모 공공건물로 지어졌다. 존스는 로마의 성당에서 형식을 가져오고 무대 디자이너로서 그간의 경험을 발휘하여 극의 상연에 어울리는 공간을 만들어냈다.

이 건물은 당시 유럽에서 가장 유명한 화가였던 루벤스가 그린 천장화 〈제임스 1세의 인간신화 The Apotheosis of James I〉로도 유명하다. 뱅퀴팅 하우스는 유럽 본토의 세련된 문화를 영국에 들여오기로 결심한 찰스 1세에게 상당히 만족스러운 건물이었다. 세련된 외관을 갖춘 존스의 팔라디오풍 건물은 이러한 목적에 완벽하게 들어맞았다. 하지만 당시에 국민들의 원성이 자자했던 사치스러우며 외부의 간섭을 받는 왕정을 완벽하게 상징하는 것이기도 했다. 결국 찰스 1세는 1649년 뱅퀴팅 하우스 앞에 놓인 단두대에서 처형당했다.

존스는 훌륭한 건축물 못지않게 후대에 미친 영향으로도 건축사에서 주목을 받는다. 존스의 설계는 영국을 지배하고 있던 시대에 뒤떨어진 튜더 왕조(1485~1603)의 건축 관행과 결별을 고하는 상징적인 의미를 지니고 있었다. 그는 당대 이탈리아의 건축 흐름을 영국에 도입했으며 향후 영국에서 신고전주의가 태동할 수 있는 발판을 마련했다.

그리니치에 있는 퀸스 하우스.
존스가 이탈리아 여행에서 많은 영향을 받아 설계한 건물이다.

이탈리아 바로크 건축의 선구자
지안 로렌조 베르니니

출생 | 1598년, 이탈리아 나폴리
의의 | 이탈리아 바로크 시대의 가장 대표적인 조각가이자 건축가
사망 | 1680년, 이탈리아 로마

Gian Lorenzo Bernini

이탈리아 바로크 건축의 거장이다. 회화, 조각, 건축에 고루 뛰어났으며 혁신적이고 극적인 작품으로 공적 공간에 철저하게 새로운 접근방식을 도입했다. 유럽 전역에서 존경받았으며 그의 작품은 널리 모방되었다.

나폴리에서 조각가의 아들로 태어난 지안 로렌조 베르니니는 교황의 도시 로마에서 가장 창의적인 인물로 손에 꼽힌다. 고대의 원형을 숭상하던 기존 건축 방식에서 벗어나 자신감 있고 생동감 넘치는 건축물을 창조했으며, 오늘날 바로크Baroque라고 불리는 새로운 양식을 만들어냈다.

그가 건축사에 남긴 공헌 중 하나는 조각이라는 요소를 깊이 이해하여 건축에 접목했다는 것이다. 분수에서 성당에 이르기까지 의뢰받은 다양한 건축물에 종합적인 접근방식을 취했던 베르니니는 이때까지 별개의 영역이라고 생각되던 조각과 건축을 융합했다. 부속 예배당 안에 성자의 조각을 건축적인 감각에 따라 배치하고 분수와 같은 구조물을 조각 작품처럼 관능적으로 표현해내기도 했다.

이러한 방식은 최초의 중요한 설계였던 산 피에트로 대성당의 발다키노*에 이미 분명히 나타나 있다. 세계에서 가장 크고 유명한 성당의 이 발다키노는 멋지게 장식된 20미터 높이의 구리 기둥이 받치고 있다. 무대 디자인의 경험을 가진 베르니니는 빛과 배경을 고려한 뛰어난 설계를 할 수 있었다.

그는 건축에서 동작의 가능성을 분명하게 보여주었다. 그는 산 피에트로 대성당 광장과 콜로네이드*에서 이를 최대한 활용하려 했다. 거대한 콜로네이드가 건물 바깥쪽에 반원형으로 서서 팔을 벌려 껴안듯 넓은 타원형 광장을 에워싸고 있다.

그는 또한 동시대 건축가인 프란체스코 보

★ 발다키노 baldacchino
옥좌, 제단, 묘비 등 장식적 덮개인 천개天蓋를 가리키는 건축 용어

★ 콜로네이드 colonnade
지붕을 떠받치도록 일렬로 세운 돌기둥

로미니와 함께 건축기하학에 대한 유연한 접근방식을 발전시켰다. 둥근 외관 뒤에 옆으로 길게 뺀 타원형 실내 공간이 자리 잡은 로마의 퀴리날레 산 안드레아 성당Church of S Andrea al Quirinale(1658~1670)에서 전형적으로 볼 수 있는 방식이다. 베르니니는 이 성당을 자신의 가장 완벽한 작품이라고 생각했다. 그러나 산 피에트로 대성당의 광장을 제외하고 오늘날 가장 높은 평가를 받는 것은 로마의 산타 마리아 델라 비토리아 성당Chiesa di Santa Maria della Vittoria 코르나르 예배당Cornaro chapel의 '성 테레사의 환희St Teresa in Ecstacy'(1647)이다. 건축적인 요소로 꾸며진 대리석을 배경으로 환희에 찬 성자의 조각상이 세워져 있고, 그 위로 모든 창조적 규칙이 감동적으로 어우러지듯 자연광이 내리 비친다.

베르니니와 보로미니의 연극적인 작품들은 유럽, 특히 가톨릭교 국가에서 한 세기 이상 지속된 유려한 건축 양식의 토대를 마련했다. 현대의 건축가들에게도 그들의 건축은 다시 영향력을 발휘하고 있다.

> **❝**
> 베르니니가 건축과 조각, 회화를 통합하여 아름다운 통일체를
> 만들어낸 최초의 인물임은 널리 알려진 사실이다.
>
> 필리포 발디누치
> **❞**

로마 산 피에트로 대성당의 광장은
베르니니의 최고 걸작으로 평가된다.

전통적인 런던의 설계자
크리스토퍼 렌

출생	1632년, 영국 윌트셔 이스트 노일
의의	세인트 폴 대성당을 설계한 영국의 매우 유명한 건축가
사망	1723년, 영국 런던

Christopher Wren

가장 존경받는 영국 건축가이다. 90세까지 살면서 오랜 기간 창조적인 작업을 했다. 1666년에 일어난 대화재 이후 재건된 런던의 도시 구조에 큰 영향을 끼쳤다. 가장 유명한 작품은 신고전주의 양식의 런던 세인트 폴 대성당이다.

크리스토퍼 렌은 옥스퍼드 대학교 워덤 칼리지에서 과학, 수학, 고전을 폭넓게 연구하면서 학자로서 두각을 나타냈다. 특히 천문학 연구로 인정을 받아 스물다섯 살의 나이에 교수가 되었다.

과학 연구를 계속하면서 그는 건축에도 관심을 가졌다. 그가 처음 설계한 건물은 펨브로크 칼리지Pembroke College 예배당으로, 옥스퍼드 대학교의 중세 건물들에 합류한 최초의 고전주의 건축물이다. 1663년에 역시 옥스퍼드 대학교 캠퍼스에 있는 셸도니언 극장 SheldonianTheatre의 설계 의뢰를 받았다. 우아하고 인상적인 곡선 모양의 이 신고전주의 건물은 현재 옥스퍼드 대학교의 대표적인 건축물로 꼽힌다.

1666년, 대화재가 런던을 휩쓸어 80퍼센트에 이르는 주택과 교회와 공공건물들이 파괴되었다. 대참사 속에서 렌은 비좁은 중세 거리를 대체할 장대한 도로 설계를 계획했다. 그는 런던을 완벽하고 혁신적으로 재건하려는 야심찬 계획을 국왕 찰스 2세에게 제출했다.

계획은 실현되지 못했지만 이를 계기로 그는 1669년에 국왕의 공사 감독관으로 임명되었다. 그 후 세인트 폴 대성당을 포함한 50개가 넘는 성당의 재건축을 지휘하게 되었다. 렌은 또 불길이 처음 일어난 런던교 근처에 재난 기념비를 세웠다. 도리아 양식으로 지어진 62미터 높이의 이 기념비는 지금도 남아 있다.

세인트 폴 대성당은 상징적인 건물이었기 때문에 옛 모습과 완전히 다른 모습의 재설계안을 사람들에게 이해시키기가 쉽지 않았다.

> **기하학적 형상은 당연히 어떠한 불규칙적 형상보다 아름답다.**

이는 영국의 다른 성당들과도 크게 다른 모습이었다. 영국국교회의 가장 대표적인 성당 건물에 이교도인 고대 로마의 건축 요소를 구현한 이탈리아식 건물을 받아들인다는 것은 쉽지 않은 일이었고 따라서 수많은 수정 과정을 거쳐야 했다. 장엄하며 인상적인 세인트 폴 대성당은 세련되면서도 매우 정교한 건물로 탄생했다.

렌은 독창적이고 우아한 많은 성당을 설계하고 감독했다. 왕립 그리니치 천문대Royal Observatory도 그의 설계이다. 이전에 천문학자였던 점을 생각하면 매우 적합한 일이었던 셈이다. 생애 후기 작품으로는 현재 구舊왕립해군대학Old Royal Naval College이라 불리는 그리니치 병원Greenwich Hospital이 있다. 템스 강둑에 세워진 두 개의 건물 사이에는 이니고 존스가 설계한 영국 고전주의의 선구적인 건물 퀸스 하우스가 서 있다.

존스가 영국에 신고전주의를 도입했다면 렌은 신고전주의를 발전시킨 인물이다. 렌은 대담하고 화려한 유럽 본토의 바로크 및 로코코 건축과 구별되는 영국 건축 특유의 독창적이고 절제된 표현으로 신고전주의를 발전시켰다.

완공된 지 300여 년이 지난 세인트 폴 대성당은
런던에서 가장 많은 방문객이 찾는 명소 중 하나다.

전형적인 고전주의 실내장식가
로버트 애덤

출생 | 1728년, 스코틀랜드 파이프 주 커콜디
의의 | 신고전주의의 정교한 형식을 제안했으며 특히 실내장식에 많은 영향을 끼친 건축가
사망 | 1792년, 영국 런던

Robert Adam

이니고 존스, 크리스토퍼 렌과 함께 위대한 영국 고전주의 건축가 3인방 중 한 명으로 통한다. 웅장한 표현보다는 특정한 주제를 살린 정교한 실내장식을 구현하는 데 관심을 기울였다. '애덤 양식'이라 불리는 건축 흐름을 이끌었다.

★ 헤르쿨라네움 Herculaneum
이탈리아 캄파니아 지방의 고대도시

★ 에트루리아 Etruria
이탈리아의 옛 지명. 지금의 이탈리아 토스카나 주에 해당한다.

로버트 애덤은 스코틀랜드에서 건축가인 아버지 밑에서 태어났다. 에든버러에서 성업 중이던 집안의 건축 사무실에 들어가 기술을 익혔고 스물여섯 살 때 그랜드 투어에 나섰다. 여행의 하이라이트는 이탈리아였다. 그는 당시 로마에서 발굴된 폼페이 Pompeii와 헤르쿨라네움*에 관한 독일 미술사가 요한 요하힘 빙켈만의 열정적인 연구 자료를 접하게 되었다. 또한 유물을 분위기 있고 기이하게 묘사한 이탈리아의 판화가 피라네시의 작품에서도 깊은 인상을 받아 한동안 그를 연구하기도 했다.

4년 뒤 영국으로 돌아와 절충적이고 세련된 새로운 형태의 고전주의 작품으로 이를 발전시켰다. 팔라디오 양식이 주로 고대 로마에서 영감을 얻고 비트루비우스와 팔라디오의 논문에서 도출한 추상적인 규칙에 충실했다면 애덤은 여행에서 얻은 경험과 상당한 학식을 바탕으로 그리스, 비잔틴, 바로크 등 여러 다른 요소를 자신의 장식적 설계에 활용했다. 예를 들어 고대 에트루리아* 인의 화병에서 모티프를 얻어 위풍당당한 주택 오스터리 파크 Osterley Park(1761)의 '에트루리아 방'을 설계했다.

부유층 사람들이 그의 이런 새로운 양식을 받아들이기 시작했다. 그는 동생 제임스와 함께 런던에서 개업을 했다. 그들에게는 주택을 설계하고 건축하거나 새롭게 장식해달라는 의뢰가 쏟아져 들어왔다. 그는 대개 공사를 감독하는 데 그쳤지만 때로는 투자를 위해 직접 건축을 하기도 했다.

형제는 건물 외부만큼이나 건물 내부에도 관심을 기울여 직접 장식품과 가구를 디자인한 경우도 많았다. 1777년에 설계한 홈 하우스 Home House가 대표적인 예이다. 런던에 있는 이 웅장한 주택에서 가장 돋보이는 것이 바로 내부 장식이다. 유리 돔 아래의 화려하고도 섬세한 캔틸레버*식 나선형 계단이 특히 눈에 띈다.

> ★ 캔틸레버 cantilever
> 한쪽 끝은 고정되고 다른 끝은 받쳐지지 않은 상태로 되어 있는 (외팔) 보를 가리킨다.

1770년, 형제는 영국 배스의 풀터니 다리 Pulteney Bridge 공사를 시작했다. 상점들이 늘어선 이 석교는 피렌체의 베키오 다리 Ponte Vecchio와 베네치아의 리알토 다리 Ponte di Rialto(모두 로버트가 방문했던 곳이다)로부터 영향을 받은 것이 분명해 보이지만 영국식의 절제감 역시 표현되어 있다.

그의 작품들은 좀 더 형식적인 팔라디오 양식과 함께 미국에서 수도 없이 모방되었다. 미국에서는 독립전쟁 이후 애국심을 고취시키기 위해 이를 연방 양식 Federal style이라고 불렀다.

그의 이전에도 이후에도 실내장식은 종종 건물의 설계만큼 중요시되지 않았다. 애덤은 내부를 매우 중시한 건축가이다. 오늘날에도 논란의 대상이 되는 건축과 유행을 결합한 개척자이기도 하다.

런던 홈 하우스의 특징적인 캔틸레버식 나선형 계단

CLASSICAL ARCHITECTURE
고전 건축

고대 그리스와 로마의 건축은 서구 건축 양식에 꾸준히 영향을 주었다. 법률이나 철학, 의학, 문학 분야에서도 마찬가지지만 유럽인과 미국인들은 서구 건축의 기원을 두 고대 문명에서 찾으려 하는 경향이 있다. 이러한 시도는 때로는 오류가 있고 자의적이다. '고전적classical'이라는 명칭이 시사하는 것처럼 고대 그리스와 로마 건축에 대한 이해와 감상에는 상당히 회고적인 시각이 배어 있다.

고대 그리스인은 다양한 건축물을 세웠다. 특히 페리클레스 시대의 사원 건축들이 뛰어나다는 평가를 받으며, 그 중에서도 파르테논 신전이 대표적이다. 아크로폴리스에서 아테네를 내려다보고 있는 파르테논 신전은 아테네의 수호 여신 아테나에게 바치는 도리아식 건축물이다. 페리클레스가 신전을 착공한 것은 아테네가 페르시아 군대에게 약탈당한 뒤인 기원전 447년이다. 개방형 도리아식 콜로네이드와 삼각형 페디먼트pediment를 갖춘 이 신전은 사람들에게 널리 알려졌고, 후대의 대형 공공건물과 박물관, 교외 주택의 장식에까지 널리 모방되었다.

  미술과 건축에서 고대 그리스와 로마를 뚜렷하게 구분한 것은 고고학이 크게 발전한 18세기에 이르러서였다. 로마에 거주했던 독일인 역사학자 요한 요하힘 빙켈만과 같은 선구적인 인물들의 연구로 고대 그리스 세계가 새롭게 이해되고 관심을 모으게 되었다. 이 연구들은 독일과 미국에서 특히 중

> **"우리가 아무나 흉내 낼 수 없을 정도로 위대해지는
> 유일한 방법은 고대를 모방하는 것이다."**
>
> 요한 요하힘 빙켈만

시되었던 일반화된 고전주의와는 대조적으로 그리스 건축의 미적 특성에 민주주의 정신과 미덕까지 표현했던 헬레니즘Hellenism을 설명해 보였다.

이전에는 주로 고대 로마를 비롯한 수많은 유적지를 통해 고대 건축을 이해하려 했다. 필리포 브루넬레스키와 같은 초기 르네상스 건축가들이 이러한 유적들에 대해 재평가한 뒤 예술가 및 건축가들에게 이것은 거의 의무적인 연구 대상이 되었다.

포룸forum에는 로마의 세련된 공공 건축 양식이 드러나며 콜로세움 원형 경기장Colosseum amphitheatre(서기 70년경에 착공)에서도 로마인들의 뛰어난 공학 기술을 엿볼 수 있다. 특히 2세기에 세워진 판테온 신전에는 다양한 강도의 콘크리트로 만든 지름 약 43미터의 거대한 돔이 설치되어 있고 극적인 느낌을 주는 중앙의 원형 공간에는 여러 개의 기둥이 줄지어 선 작은 주랑柱廊 현관이 있다.

로마의 기술자이자 건축가였던 마르쿠스 비트루비우스 폴리오(기원전 75년에 출생하여 서기 15년경에 사망한 것으로 추정된다)는 고대 건축에 관한 많은 정보를 남겼다. 르네상스 시대부터 더욱 유명해진 비트루비우스의 《건축서》(건축에 관한 열 권의 책)에는 특히 그리스 건축에서 유래한 도리아, 이오니아, 코린트 세 가지 양식의 올바른 적용법(그리고 각 양식의 기원에 대한 상상력인 설명)이 들어 있다.

이후의 건축에 영향을 미친 고대 그리스·로마 건물은 몇몇으로 한정되어 있다. 고대 그리스와 로마의 전체 건축을 더욱 면밀하게 연구한다면 고대 세계의 실제적인 건축에 대해 완전하고 자세한 이해를 얻을 수 있을 것이다.

네오고딕 양식의 개척자
카를 프리드리히 싱켈

출생 | 1781년, 독일 베를린 인근지역
의의 | 베를린의 건축을 다양한 역사주의적 양식으로 재편한 건축가
사망 | 1841년, 독일 베를린

Karl Friedrich Schinkel

독일의 가장 뛰어난 신고전주의 건축가이다.
나폴레옹 전쟁 이후 베를린의 재건에 큰 영향을 끼쳤다.
왕성하고 다양한 건축 활동을 펼치며 여러 다른
건축 형태에 영감을 주었다.

루터교 목사 집안에서 태어난 카를 프리드리히 싱켈은 프리드리히 길리와 그의 아들 다비트 길리에게서 건축을 배웠다. 두 사람 모두 열렬한 신고전주의자였다. 싱켈은 무대 디자이너로 일하다가 건축으로 관심을 옮겨 화가의 낭만적인 상상력을 실용적이고 논리적인 건축 방식과 결합시켰다.

나폴레옹 군대가 패퇴한 뒤인 1815년, 프로이센 건축위원회 감독관으로 임명되어 유럽의 강대국으로 떠오른 프로이센의 새로운 지위를 상징하는 건물들을 지어내는 한편 도시설계 방식(오늘날 우리가 도시계획이라고 부르는 개념)을 개발했다. 싱켈이 생각한 야심만만한 아이디어 중에는 제도판 위에서 끝난 설계도 있지만 많은 구상이 실제 건축물로 탄생했다.

1816년에 건축한 전쟁 희생자 추모관 노이에 바셰Neue Wache/New Watch와 1818년의 베를린 콘체르트 하우스Konzerthaus Berlin/Concert Hall 같은 건물은 보다 정교하고 성숙한 새로운 고전주의의 전형적인 예이다. 팔라디오가 일으킨 건축 양식은 주로 고대 로마의 건축을 지향했지만 요한 빙켈만을 따르는 독일의 고전주의자들은 고대 그리스의 건축을 지지했다. 그리고 (낭만주의 국가, 특히 적국인 프랑스와 관련이 있는 고대 로마의 정신보다는) 독일 부활의 정신을 담고자 했다. 이러한 표현 양식을 구현한 싱켈의 건축 작품 중 가장 유명한 것은 그리스의 도리아식 신전 설계에서 영감을 얻은 베를린 구舊미술관Altes Museum(1822)이다.

독일 고고학과 인문학의 발달로 전에는 열외로 취급되던 다양한 양식에 대한 연구가 진행되었다. 이탈리아를 방문한 싱켈은 로마의 역사적인 걸작들 못지않게 중세, 고딕, 이슬람 건축물에도 흥미를 느꼈다. 싱켈은 신新그리스 양식의 건축으로 잘 알려져 있지만 네오 고딕 양식도 개척했다. 철 십자가가 세워진 크로이츠베르크 전쟁 기념비Kreuzberg War Memorial(1818~1821)는 네오고딕 양식이 가장 분명하게 드러난 작품이며, 프로이센의 상징으로도 유명하다. 프리드리히스베르더 교회Friedrichswerdersche Kirche(1824~1830)도 교회 설계에 네오고딕 양식을 선구적으로 도입한 예이며 역시 다른 건축물들에 많은 영향을 주었다.

베를린의 바우아카데미Bauakademie(1831~1834, 건축 학교)는 실용적인 설계와 장식을 배제한 점이 돋보이는 붉은 벽돌 건축물로, 이후 건축 발전의 방향을 예견했다. 유감스럽게도 이 건물은 제2차 세계대전 당시 심한 폭격으로 무너졌지만 현재 재건축이 진행 중이다.

싱켈 건축의 다양성은 정반대 입장에 서는 건축가들을 판단하는 중요한 기준이 되었다. 싱켈은 서로 다른 건축 양식들을 절충적으로 사용하여 포스트모더니즘 건축가들의 선례가 되었다. 아돌프 로스, 루트비히 미스 반 데어 로에와 같은 선구적인 모더니즘 건축가들은 논리적이고 기술적인 싱켈의 접근방식과 절제된 장식을 높이 평가했다. 싱켈의 원대한 구상은 현대 도시계획 원칙의 토대를 마련했고, 한편으로는 히틀러와 나치를 추종한 건축가 알베르트 슈페어의 야망을 고무시키기도 했다.

싱켈의 가장 대표적인 건축 작품이라고 할 수 있는 베를린 구미술관(1822).
독일을 비롯한 여러 나라 박물관 설계의 본보기가 되었다.

파리를 재건한 건축가
조르주 외젠 오스만

출생 | 1809년, 프랑스 파리
의의 | 영향력 있는 도시계획가이자 현대 파리의 창설자
사망 | 1891년, 프랑스 파리

Georges-Eugène Haussmann

옛 파리를 지금 우리에게 익숙한 우아하고 합리적인 현재의 모습으로 재탄생시킨 인물이다. 도시의 상당 부분을 부수어 대로를 건설하고, 역사적인 건축물 주위에 개방된 공지를 마련하며, 논리적이고 체계적으로 도로를 내는 등 야심만만한 계획을 실행에 옮겼다.

파리는 오랫동안 유럽의 대표적인 도시였지만 비위생적이고 복잡한 중세 시대의 도로와 빈민가로 인해 교통은 혼잡하고 콜레라 등의 질병까지 유행했다. 공화국 대통령으로 당선된 루이 나폴레옹 보나파르트(나폴레옹 3세)는 국가 경제를 재건하는 작업에 착수했다. 그는 수도 파리를 포함한 오래된 건축물들을 현대화하기로 결심했다. 그리고 이 거대한 사업을 건축가가 아닌 개신교 집안 출신의 관리 오스만에게 맡겼다. 오스만이라는 독일식 이름은 그가 알자스 지역 출신임을 알려준다. 1852년, 센 지사로 임명된 오스만은 규모 면에서 전례가 없던 원대한 계획을 수립하고 감독하게 되었다.

파리의 중심부는 합리적이고 기하학적인 형태로 거리를 조성하고, 중세 파리 대부분을 부수어야 하는 대대적인 청사진에 따라 완전히 재설계했다. 가로수가 늘어선 넓은 도로는 새로 건축한 기차역, 오페라하우스, 개선문과 같은 기념비적인 건축물과 연결되었다. 도로변의 새 아파트는 전체 높이를 비롯해 모든 규격을 법으로 정해 통일성 있는 미적 효과를 냈다. 도로의 너비는 파리 시 현대화 계획의 핵심이라 할 수 있는 새 하수시설과 공공 교통 체계와 같은 공학적인 요소를 반영해 설계했다. 도시계획은 사회 통제 수단의 역할도 했다. 넓은 공지를 만들어 무력을 이용한 치안 유지 방식으로 군중을 보다 쉽게 통제할 수 있도록 한 것이 그 예이다.

오스만의 계획은 여러 면에서 격렬한 반대에 부딪혔다. 엄청난 공사비(총 비용이 수억 프랑에 이름), 주요 공사에 20년 정도 소요되어 도시를 거의 마비시킬 수 있다는 점, 신축 건물의 높은 임대료로 빈곤

넓은 도로는 오스만이 입안한 프랑스 수도 재건 계획의 중요한 특징이다.

층이 늘어 이들이 파리 중심부에서 밀려나 사회의 인적 구성에 변화가 일어날 것이라는 점 때문이었다. 오스만의 평판은 점점 나빠져 결국 1870년에 해임되고 말았다.

하지만 오스만이 설계한 현대적인 파리는 후에 가장 영향력 있고 광범위한 도시계획의 본보기가 되었다. 빈, 시카고, 바르셀로나, 런던 등 현대화 작업을 추진한 많은 도시의 도시계획가들이 그의 설계를 모방했다. 교통 체계, 공원의 기능, 건물 높이의 규제, 대중교통 등 오스만이 선보인 숱한 아이디어가 오늘날에는 당연시되고 있을 정도로 그는 도시계획의 수준을 엄청나게 높여놓은 인물이다. 그러나 이러한 '오스만 주의Haussmannism'에는 양면성이 존재한다. 오스만이라는 이름은 현대 도시 생활의 소외와 국민의 뜻을 무시하는 둔감한 관료주의 체제와도 연결되기 때문이다.

산업혁명과 철 구조물

19세기 중엽, 건축물의 종류가 크게 두 갈래로 나뉘었다. 저명한 건축가들이 설계한 정교하고 장식적인 역사주의 건물(흔히 석조로 이루어졌다)과 산업화나 기계화 과정의 일부로 지어진 상업적 목적의 이름 없는 건물들(공장이 이에 해당한다)이었다. 대개 공학자나 상인들이 설계한 이런 건물들이 더욱 획기적이었으며 이후 건축의 혁신을 가속화했다는 점은 아이러니한 일이 아닐 수 없다.

상업적 건물에 일반적으로 사용된 자재는 철이었다. 철은 이전에 건축 자재로서 외면당해왔으나 이즈음 대량생산이 가능해졌다. 철도, 공장, 현수교는 철을 이용해 건설할 수 있는 것이었고 이들은 당시 사회를 변화시키는 데 큰 몫을 했다. 철은 산업혁명의 근간을 이루는 중요한 요소 중 하나가 되었다. 회랑이나 온실, 기차역 설계자들에게 철과 유리는 참신하고 매력적인 건축의 가능성을 열어주는 자재로 인식되었다.

특히 온실이 큰 인기를 끌었다. 건축가들은 온실 설계를 통해 신기술을 유감없이 발휘했다. 가장 유명한 예로 하이드 파크에 세운 564미터 길이의 강철 및 유리 건축물 크리스털 팰리스Crystal Palace를 들 수 있다. 크리스털 팰리스는 영국이 자국의 산업 역량을 세계에 과시하기 위해 1851년 런던에서 개최한 만국박람회를 위해 건립된 것이었다. 이는 조립이 가능하고 쉽게 해체할 수 있는 모듈 방식의 선구적인 건축물이다. 특이한 점은 이 건물을 설계한

> **단단한 것은 모두 녹아 자취도 없이 사라지며 신성한 것은 모두 모독당한다. 사람은 결국 자신이 처한 삶의 현실과 다른 사람과의 관계를 맨 정신으로 직시해야 한다.**
>
> 카를 마르크스

조셉 팩스턴(1803~1865)이 건축가가 아니라 조경사였다는 점이다.

크리스털 팰리스는 새로운 건축 기법의 가능성을 열어주었을 뿐 아니라 박람회와 함께 건축적인 볼거리가 상당한 선전 효과를 지닌다는 점도 입증했다. 그 후 파리, 시카고와 같은 주요 도시에서 이런 행사가 다양하게 개최되며 신기술과 인상적인 건축 성과를 자극하는 역할을 했다.

그 대표적인 인물로 획기적이고 대담한 철교를 구상한 프랑스 기술자 구스타브 에펠이 있다. 에펠은 1889년 파리 박람회를 겨냥해 철교 설계 및 건설에서 배운 기술을 응용, 특별한 건축물을 세우기로 결심했다. 네 개의 거대한 대들보 위에 세워진 약 300미터 높이의 철제 전망탑이었다. 파리를 내려다보는 이 탑은 처음에는 현대화의 추한 이미지로 여겨졌지만 점차 세계에서 가장 유명하고 사랑받는 건축물 중 하나가 되었다. 1930년 뉴욕에 크라이슬러 사옥이 세워지기 전까지 에펠탑은 세계에서 가장 높은 건축물이었다.

구조공학과 건축의 분리가 이루어지고 철(1860년 이후에는 강철)과 유리를 건축 자재로 이용하게 되면서 건축가들은 새로운 구조의 가능성과 실행 방법을 깨달아갔다. 건축물에 유리를 대거 이용하게 되었고 유리 제작 기술은 점점 더 정교해졌다. 이는 유럽의 초기 모더니즘 건축가들에게 특히 의미가 컸다. 한편 미국에서는 혁신적으로 구조용 강철재를 사용하기 시작함으로써 현대를 상징하는 고층건물과 마천루의 건축이 가능해졌다.

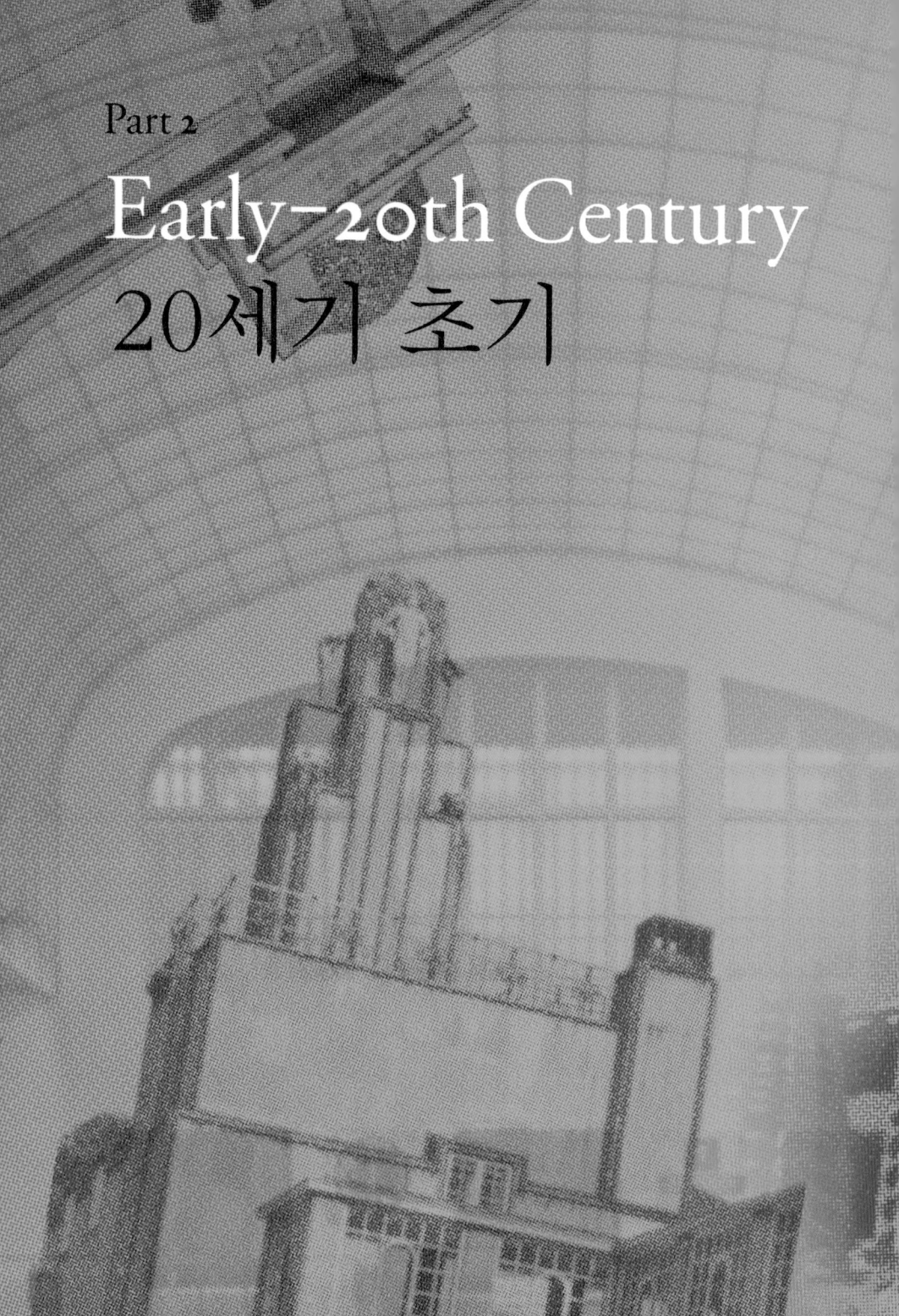

Part 2
Early-20th Century
20세기 초기

미술과 공예를 접목시킨 선동가
찰스 프랜시스 앤슬리 보이지

출생 | 1857년, 영국 요크셔 주 헤슬
의의 | 도시 근교 주택에 널리 모방된 미술공예 주택 양식의 창시자
사망 | 1941년, 영국 윈체스터

Charles Francis Annesley Voysey

미술공예운동*의 대표적인 설계자이자 건축가이다. 미술공예운동의 이상을 건축적 형상으로 해석한 주택 양식을 창안했다. 오랫동안 지속된 이 양식은 이후 도시 근교 주택들에 특히 많은 영향을 주었다.

20세기 초기　　　　　　　　　　　　　　　　　050

미술공예운동은 공예와 수공품으로 대표되는 미학으로 회귀하여 산업혁명이 불러온 고립감과 사회적 폭력을 치유하자는 이상을 바탕으로 한 운동이다. 낭만주의와 미술 평론가 존 러스킨에게서 영감을 받은 미술공예운동가들은 '거주자가 스스로 주택을 짓고 꾸미는 시골집'의 이상적인 과거를 그리워했다.

미술공예운동의 지도자인 윌리엄 모리스는 시詩에서 벽지에 이르기까지 다양한 분야에 관심을 가지고 적극적인 활동을 펼쳤다. 요크셔 출신의 찰스 프랜시스 앤슬리 보이지는 건축 분야 미술공예운동의 대표적인 지지자였다. 런던에서 여러 건축가와 일하다 1883년에 자신의 사무실을 열었다. 그는 건축 일을 시작하기 전에 벽지를 디자인하기도 했다. 모리스의 작품과 비슷하게 반복적인 무늬로 이루어진 벽지였다. 이것이 인기를 끌게 되어 건축 일과 병행해 많은 제조회사의 벽지를 디자인해주게 되었다. 그러나 곧 전원주택을 설계해달라는 의뢰가 쏟아져 들어오기 시작했다. 아이러니하게도 부유층들도 종종 이런 시골집을 주문했다. 그들은 보이지가 건축한 주택의 편안한 매력을 좋아했고, 아울러 중세와 튜더 왕조가 남긴 시적인 유산을 쉽고 섬세하게 적용하는 그의 솜씨를 높이 평가했다.

보이지가 설계한 주택에는 두 가지 특징이 있었다. 첫째, 경사가 심한 특이한 지붕으로 이루어져 있다는 점이다. 이는 이전 시대의 초가집을 연상시키면서도 현대적인 표현으로 해석되고 현대 기술로 지어졌다. 종종 경사가 너무 심해 지붕에 창문을 냈는데 이는

★ **미술공예운동**
Arts and Crafts Movement
19세기 말 영국에서 일어난 공예 개량 운동이다.

꿈 같은 느낌을 자아냈다. 또한 자갈을 붙여 마무리한 흰색 외벽은 석회를 바른 중세 주택을 떠올리게 했다. 두 번째 특징은 가로로 길게 두른 리본 윈도*이다. 리본 윈도는 실내에 빛을 최대 들이는 한편 전망을 최대한 즐길 수 있게 했다. 이러한 주택들은 그가 디자인한 단순한 형태의 가구들과 함께 이후 모더니즘 건축 설계의 전조가 되었다.

> ★ 리본 윈도 ribbon window
> 건물 벽면을 띠 모양으로 가로지른 창문
>
> ★ 모크 튜더 Mock Tudor
> 튜더 양식을 흉내 낸 건축이라는 뜻

1900년, 그는 런던 북부 교외 지역에 자택을 지었는데 훗날 많은 주택들에 영향을 주었다. 그가 '과수원'이라고 부른 이 집은 자신의 작은 키에 어울리는 아담한 규모였다. 건물에서 가구, 벽지에 이르기까지 모든 요소를 그가 꼼꼼하게 디자인했다. 1898년에 영국 북부 윈더미어 호를 내려다보도록 건축한 보다 큰 규모의 품위 있는 저택 브로드 레이스Broad Leys는 그의 또 다른 걸작이다.

거주자의 안락한 생활에 세심하게 신경 쓴 보이지의 새로운 양식은 광범위한 반향을 불러일으켜 전 세계 도시 근교 주택의 모범이 되었다. 하지만 보이지의 작품에 대해 피상적으로 이해하고 설계만을 모방한 사람이 많았기 때문에 모크 튜더*라는 조롱을 받은 목재 주택들이 곧 도시 근교 지역에 넘쳐나게 되었다.

영국 컴브리아에 있는 브로드 레이스.
규모는 크지만 대체로 섬세하고 겸손한 느낌을 주는 주택이다.

GARDEN SUBURBS
전원주택단지

수세기 전의 목가적인 풍경을 연상시키는 20세기 초 영국의 도시 근교 전원주택은 20세기 건축사를 지배한 모더니즘 건축과 웅장한 건물에 대해 강력한 해독제를 제시했다. 삶의 질, 정원이나 개방된 공간에 대한 접근성 측면에 초점을 맞춘 전원도시는 전 세계 도시계획가와 부동산 개발업자들의 모방 대상이 되었다.

산업혁명은 지저분한 빈민가에 거주할 수밖에 없는 다수의 도시 빈민층을 낳았다. 영국에서는 이러한 현상이 유럽의 다른 어느 나라보다도 심했다. 숨길 수 없는 불평등은 유럽 전역에 다양한 사회주의를 등장시켰다. 미술공예운동과 그 지도자인 윌리엄 모리스에게 영향을 준 지극히 영국적인 공상적 사회주의도 그 중 하나이다. 이들은 목가적인 '꿈의 나라'를 그리워하며 분열된 사회를 다시 하나로 이을 수 있는 환경을 건설하고자 했다.

    도시이론가인 에버니저 하워드(1850~1928)가 수립한 도시계획에는 이러한 이상이 구현되어 있다. 1898년에 하워드는 《내일: 사회 개혁에 이르는 평화로운 길 To-Morrow: A Peaceful Path to Real Reform》을 발간했다. 오늘날에도 연구가 되는 이 책은 당시에 엄청난 영향력을 발휘했다. 교외를 방문하는 사람이면 누구나 이 책의 영향을 느낄 수 있을 정도였다. 얼마 후에는 《내일의 전원도시 Garden Cities of To-Morrow》라는 제목의 개정판으로 다시 간행되었다. 여기서 그가 대안으로 제시한 미래상인 전원도시에 관한 자세한 기술을 보면 3만 2천 명 정도의 주민이 사는 자급자족이 가능한 광역도시에 도시와 시골의 장

> "우리의 도시들보다 강력한 힘을 지닌 매력적인 장소를 건설할 방법을 찾아낸다면 인구를 자연스럽고 건전한 방식으로 재배치할 수 있게 될 것이다."
>
> 에버니저 하워드

점이 고루 섞여 있다. 세부적인 것뿐만 아니라 종합적인 계획도 시민의 건강을 염두에 두고 설계되었다. 지금은 흔한 개념이 된 '구역 설정 zoning'을 제안하기도 했다. 지역별로 활동과 기능을 구분하는 구역 설정은 중앙 광장을 중심으로 방사선으로 뻗어 있는 중앙 집중 형태로 이루어졌다. 전원도시를 '그린벨트'로 둘러싼다는 착상도 그 후 전 세계 다른 도시들에 폭넓게 적용되었다. 런던의 도시계획이 가장 유명한 예이다.

1903년, 런던에서 멀지 않은 곳에 하워드의 구상을 실현한 첫 번째 도시가 조성되었다. 전원도시 레치워스 Letchworth였다. 배리 파커와 레이먼드 언윈이 설계한 이 신도시는 그러나 찬탄과 조롱을 동시에 받았다. 초기에는 채식주의자, 퀘이커교도 등 불순응주의자들의 관심을 끌었다. 레치워스에서는 제2차 세계대전이 끝날 때까지 술 소비가 금지되었다.

1907년에 런던 북부에 좀 더 작은 규모로 조성된 햄스테드 전원주택지 Hampstead Garden Suburb는 널리 알려진 전원도시이다. 도시의 중앙 광장과 두 개의 교회는 에드윈 루티엔스 경이 설계했다. 주택은 신 조지 왕조 양식 Neo-Georgian과 보이지가 일으킨 양식을 혼합해 지어졌다. 이런 형태는 러시아에서 오스트레일리아에 이르기까지 전 세계의 교외 주거지에서 모방되었지만 대다수의 지지한 건축가들에게는 경멸을 받았다.

하지만 1990년대에 모더니즘의 중심 사상에 대한 이의가 제기되고, 모더니즘 주도자들의 이상에 따라 조성된 거대한 주거 체계가 소외와 공포, 범죄의 온상으로 비쳐지기 시작하면서 건축가와 도시계획가, 그리고 지방 정부에서는 조롱받던 당시의 전원주택 모델을 다시 연구하게 되었다.

최고의 방갈로 디자이너
찰스 섬너 그린과 헨리 매더 그린

출생	(찰스) 1868년, 미국 오하이오 주 신시내티
	(헨리) 1870년, 미국 오하이오 주 신시내티
의의	편안하고 호화롭고 현대적인 캘리포니아식 방갈로를 개발한 형제 건축가
사망	(찰스) 1957년, 캘리포니아 주 카멜바이더시
	(헨리) 1954년, 캘리포니아 주 패서디나

Greene and Greene

주택 건축의 새로운 접근방식을 개발했다. 특히 그들의 회사가 있었던 미국 캘리포니아 주에서 그들의 방식이 널리 모방되었다. 일본 건축 요소를 도입하여 20세기의 첫 20년 동안 독창적인 방갈로*를 건축했다. 이는 안락한 생활을 위해 새롭게 설계된 널찍한 오픈 플랜 방식이었다.

20세기 초기

찰스 섬너 그린과 헨리 매더 그린 형제는 보스턴 매사추세츠 공과대학MIT에 함께 입학해 건축을 공부한 후 보스턴의 다른 일류 건축가들과 각자 일을 시작했다.

1893년, 형제는 캘리포니아의 작은 마을 패서디나에 살고 있던 부모님을 만나러 가는 길에 시카고 세계박람회에 들러 일본 건축을 접하게 되었다. 그린 형제의 설계 철학이 눈을 뜬 결정적인 순간이었다. 1년 뒤 형제는 그린앤드그린을 공동 설립하여 훗날 그들에게 명성을 안겨준 주택을 포함하여 다양한 건물들을 설계했다.

그린앤드그린의 방갈로는 위치뿐 아니라 캘리포니아의 기후까지 세심하게 고려한 호화로운 주택이었다. 방갈로는 외부와 자유로운 소통이 가능하고 공간 배치가 개방적이며 경쾌한 특징이 있다. 그들이 지은 가장 유명한 건물은 가정용 소비재 회사 프록터앤드갬블의 갬블가家가 1909년 자손들을 위해 건축한 갬블 하우스Gamble House이다. 그린앤드그린의 고객은 자신만의 정체성과 스타일을 원하는 캘리포니아의 전형적인 신흥 부호들이었다.

갬블 하우스는 보통 방갈로로 분류되지만, 3층으로 이루어진 대규모 저택이다. 외부와 연결된 넓은 발코니, 적색 목재를 사용한 현관과 처마가 특징적이며 설계 구조는 일본의 사원 건축에서 영향을 받았다. 마호가니 벽판을 붙인 실내 역시 외부만큼 세심하게 꾸며져 있다.

그린 형제는 미술공예운동과 아르누보°에 동

★ 방갈로bungalow
넓은 베란다가 딸린 단층 주택

● 아르누보Art Nouveau
우아하고 도발적이며 유기적인 곡선이 특징인 아르누보는 19세기 말 유럽에서 유행한 장식적인 양식이다. 아르누보는 말 그대로 '새로운 양식new style'을 뜻하며 독일의 유겐트슈틸Jugendstil, 이탈리아의 스틸 리베르티Stile Liberty(혹은 리버티 양식)와 같은 뜻으로 사용된다.

참한 유럽의 동시대 건축가들과 마찬가지로 자신이 짓는 주택을 통합 설계의 개념으로 인식했다. 따라서 실내장식의 세부적인 부분까지 빠짐없이 신경 썼다. 맞춤형 가구와 비품 제작은 물론 스테인드글라스나 심지어는 포크·수저 같은 식기류, 직물, 그림액자까지 직접 만들었다. 따라서 현장에서 많은 시간을 보내야 했으며 공사가 지연되는 일이 자주 발생했다. 상황이 안 좋아지면서 1922년에 찰스 그린이 카멜바이더시 Carmel-by-the-Sea로 옮겨가면서 회사는 분리되었다. 둘의 사이가 나빠진 것은 아니었지만 형제는 따로따로 활동하게 되었고 최고의 성과를 내던 시기는 그렇게 끝이 났다.

　그린앤드그린의 전성기에 설계된 오픈 플랜 방식*의 방갈로는 캘리포니아 일대 주택 건축에 많은 영향을 미친 현대적인 표현형식을 낳았다. 그린 형제의 설계는 참신한 양식 속에서도 현대성, 편안함, 화려함을 결합시킨 독특한 분위기를 창조하여 오늘날의 미국 건축에 큰 변화를 일으켰다.

★ 오픈 플랜 open-plan 방식
내부를 벽으로 나누지 않은 방식

그린앤드그린이 건축한 가장 유명한 방갈로인 갬블 하우스(1909)

독창적인 아르누보 건축가
빅토르 오르타

출생 | 1861년, 벨기에 겐트
의의 | 건축에 아르누보 양식을 처음 도입한 건축가
사망 | 1947년, 벨기에 브뤼셀

Victor Horta

19세기에서 20세기로 넘어가는 시기에 유럽의 건축 설계를 지배했던 아르누보 양식의 대표적인 지지자이다. 건축에 아르누보의 특징적인 색채를 도입한 사람으로 평가된다.

벨기에의 지방도시 겐트에서 제화공의 아들로 태어난 빅토르 오르타는 고향에서 건축을 공부한 뒤 파리로 가서 실내장식가로 일했다. 프랑스 수도의 분위기를 적극적으로 흡수하면서 그곳의 예술 발전 동향에 뒤처지지 않기 위해 노력했다. 아버지가 세상을 떠난 후 벨기에로 돌아간 그는 왕립미술학교Académie Royale des Beaux-Arts에서 건축 공부를 다시 시작했다.

스승이자 벨기에 왕 전속 건축가였던 알퐁스 발라와 함께 참여한 라켄 정원Garden of Laeken 온실 단지 건축이 그의 초기 활동 중에서 특히 주목할 만하다. 그는 이 화려한 유리 궁전을 지으면서 이후 건물들의 특징이 된 구조적이며 장식적인 강철 사용에 대한 생각을 확립할 수 있었다.

1893년, 최초의 주요한 아르누보 양식 건물로 평가되는 타셀 저택Hotel Tassel을 설계했다. 외관을 석재로 마감한 브뤼셀의 이 대형 연립주택town house에서 그는 풍부한 장식과 구조적인 특징을 완전히 새로운 방식으로 통합했다. 강철과 유리를 이용해 이전의 주택에서는 상상할 수 없었던 경쾌한 느낌을 구현해냈다.

초기에 실내장식가로 일했던 그는 실내의 빛과 공간을 섬세하게 인식했다. 나아가 종합적인 설계 개념을 구축해 건축물과 관련된 요소가 모두 동일한 미학적 특성을 지니고 일관된 느낌을 자아내게끔 만들었다. 유리와 모자이크와 같은 건축 요소들이 이러한 공간에 특별하고 이국적인 멋을 더해주었다.

오르타는 아르누보 양식의 특징인 식물을 연상시키는 형상과 화

1898년에 건축한 자택 오르타 하우스.
지금은 오르타 미술관이 되었다.

려한 덩굴무늬를 단순한 장식이 아니라 통합적으로 설계에 이용했다. 흔히 장식적인 유리 아트리움atrium 아래에 설치되었던 연철鍊鐵 난간을 두른 유기적인 형태의 계단은 우아함과 아름다움으로 특히 높은 평가를 받았다. 이러한 특징은 1898년에 건축한 자택 오르타 하우스Horta House에서도 분명하게 드러난다. 지금도 그대로 보존되어 있는 오르타 하우스의 실내장식은 아르누보를 완벽하게 표현한 사례 중 하나로 평가받는다.

그러나 당시의 모더니즘 건축가들은 오르타의 설계를 피상적인 장식품이라 일축했다. 또한 그들이 주창한 기능적 미학이 인기를 끌면서 아르누보는 급속히 퇴조했다. 하지만 오르타는 자신의 방식대로 작업을 계속하여 아르누보의 혁신성을 표현한 브뤼셀 중앙역 Central Station in Brussels(1952년 개관)과 같은 건물들을 완성해냈다.

당시 아르누보에 대한 배척 정도는 무척 심하여 오르타가 건축한 주요 건물은 대거 파괴되었다. 그의 많은 건물들을 지금은 사진으로만 볼 수 있다. 그러나 현대의 건축 역사가들은 오르타가 19세기 건축과 20세기 모더니즘 건축을 잇는 중요한 교량 역할을 한 것으로 평가한다. 1960년대 사이키델릭 시대*에 아르누보와 오르타에 대한 새로운 관심이 일어나면서 1970년대에는 그들의 양식이 다시 크게 유행하기도 했다.

★ **사이키델릭** psychedelic **시대**
환각제를 복용한 뒤에 생기는 것과 같은 도취 상태를 재현한 예술이 유행한 시대

아르누보 양식의 교육자
헨리 반 데 벨데

출생 | 1863년, 벨기에 안트베르펜
의의 | 아르누보의 기능적 측면을 발전시킨 변천기의 건축가
사망 | 1957년, 스위스 오베르에게리

Henri van de Velde

아르누보 양식의 대표자이며 뒤이어 일어난 모더니즘의 토대가 된 기능적인 측면을 개발했다. 헌신적인 교육자로서 당대의 건축에 뚜렷한 영향을 남겼다.

헨리 반 데 벨데는 화가로 출발했으나 역시 벨기에 출신이었던 건축가 빅토르 오르타와 같이 실내장식으로 옮겨갔다. 활동 초기에 그는 오르타와 마찬가지로 맞춤형 가구나 장식적인 기능 등 세부적인 것에 세심한 주의를 기울였고, 그리하여 아르누보의 절정을 이루는 매우 심미적인 분위기를 창조했다. 하지만 그는 변화를 일으키는 예술과 건축의 힘을 믿었던 미술공예운동과 함께 같은 시대의 진보적인 오스트리아 예술가들이 주창한 유토피아적 신념 또한 공유하고 있었다.

벨데가 설계한 첫 번째 건물은 브뤼셀 교외에 건축한 자택 부르멘베르프 하우스Bloemenwerf House(1895)였다. 대담한 형식과 장식적인 건축용 목재를 써서 큰 반향을 불러일으켰다. 그는 교육과 저술 활동으로도 건축사에 한 획을 그었다. 1905년, 바이마르에 설립된 작센 대공 미술공예학교의 교장으로 초빙되어 독일로 건너가 그곳에서 오랫동안 활동했다. 학교의 건물도 직접 설계했는데(1907) 유리를 많이 이용한 이 직선형 건물은 자재의 기능적 특성을 잘 살려낸 것으로 평가되며 화제를 모았다. 철근 콘크리트 사용의 초기 사례인 공작연맹 극장Werkbund Theatre(1914)에서는 벨데의 작품이 지니는 이러한 특징이 더욱 확장되었으며, 독일의 표현주의 건축가 에리히 멘델존의 설계에도 영향을 주었다.

제1차 세계내선 때 벨기에 국적이 문제되어 제자인 발터 그로피우스에게 교장직을 물려주었다. 그로피우스는 1919년, 바이마르 미술아카데미와 합병하여 20세기 모더니즘 건축의 산실인 바우하우스Bauhaus를 설립했다.

벨데가 마지막으로 건축한 작품은 건축과 교수로 일하던 겐트 대학교의 도서관 건물 북 타워Book Tower/Boekentoren였다. 도시 한가운데 우뚝 세워진 64미터 높이의 이 간소한 건물은 곧바로 겐트 시의 눈에 띄는 상징물 중 하나가 되었다.

20세기 초를 뜨겁게 달구었던 논쟁에서 벨데는 다음 세대 건축가들과 구별되는 입장을 취했다. 그는 기술이 공예에 기여해야 한다고 주장했다. 그러나 그로피우스를 비롯한 모더니즘 건축가들에게는 기술 그 자체가 목표였다. 결국 벨데는 시대에 뒤처지게 되었지만 건축의 흐름이 모더니즘으로 완전히 바뀌는 데 중추적인 역할을 한 인물로 남았다.

바이마르 작센 대공 미술공예학교(1907).
유리를 많이 이용한 이 직선형 건물은 자재의 기능적 특성을 잘 살려낸 것으로 평가된다.

미술과 공예를 부흥시킨 건축가
찰스 레니 매킨토시

출생 | 1868년, 스코틀랜드 글래스고
의의 | 아르누보와 일본 건축의 영향을 결합하여 독특한 양식을 창출한 건축가
사망 | 1928년, 영국 런던

Charles Rennie Mackintosh

아르누보의 유기적이고 장식적인 형태와 일본 디자인의 표현형식을 접목하여 놀라울 정도로 독창적인 양식을 개발했다. 그의 작품이라는 걸 바로 알아볼 수 있을 정도로 개성적인 새로운 표현을 건물뿐 아니라 가구, 색채, 식기, 심지어 서체에까지 적용하는 통합적인 디자인을 실현했다.

글래스고에서 태어나 일생을 거의 대부분 그곳에서 보냈다. 건축가의 도제로 출발해 천천히 승진하여 허니먼앤드케피의 공동 경영자 자리에까지 올랐다. 점점 발전해가는 유럽의 설계, 미술, 건축에 꾸준히 관심을 기울이며 국제 공모전에 종종 참가했다.

그의 가장 큰 성과는 후에 유럽을 휩쓸게 된 아르누보와 보자르 Beaux Arts/fine arts 양식이지만, 그는 여기에 일본 건축이라는 새로운 요소까지 더했다. 1844년, 일본이 쇄국정책을 끝내고 외부 세계와 교류하기 시작하면서 유럽의 예술가들은 완전히 새로운 미학을 접하게 되었다. 반 고흐가 일본 목판화에서 큰 영향을 받았다면 매킨토시는 단순하고 절제된 일본 전통 가구의 우아한 디자인과 방 설계에서 영감을 얻었다. 매킨토시의 실내장식은 화려한 장식보다는 막幕과 섬세한 빛의 효과를 활용한 것이었다. 색채도 엄격하게 통제했는데, 이는 글래스고 근처에 건축한 힐 하우스 Hill House(1903)의 빼어난 실내장식에서 가장 뚜렷하게 드러난다. 힐 하우스의 방들은 섬세하고 장식적인 느낌이 가미된 흰색이 주조를 이룬다.

글래스고의 윌로 티 룸 Willow Tea Rooms(1896)은 통일된 설계 방식을 뚜렷하게 보여주는 작품이다. 건물에서부터 의자, 메뉴판, 유니폼에 이르기까지 모두 매킨토시와 그의 아내 마거릿 맥도널드에 의해 디자인되었다.

초기의 중요한 건축물로는 1899년에서 1909년 사이에 단계적으로 지어진 글래스고 미술학교 건물이 있다. 이 건물은 그의 걸작으로 통한다. 그가 큰 관심을 기울였던 미술공예운동과 마찬가지로 건축적 유산 또한 그에게 중요한 역할을 했다. 그는 보이지 등 동시대 영국 건축가들이 영향을 받은 튜더 양식보다는 육중한 석조 건축물로 대표되는 당당한 켈트 양식에 의지했다. 글래스고 미술학교는 율동적이고 소박한 외관을 보여준다. 무거운 돌로 지어졌고 연철 자재로 장식된 거대한 창문이 달려 있다. 무척 세밀한 내부 설계로 매킨토시는 유럽 전역에서 순식간에 진보적인 건축가로 인기를 끌게 되었다.

> ★ 빈 분리파 Vienna Secession
> 1897년 구스타프 클림트를 주축으로 과거의 전통에서 벗어나 미술과 삶의 상호교류를 추구하고 인간 내면을 미술을 통해 전달하고자 결성한 예술가 집단

매킨토시의 명성이 빠른 속도로 퍼져 나가자 그의 생각에 동조한 오스트리아의 건축가들이 특히 환영하며 빈 분리파* 전시회에 그를 초대했다. 하지만 고국에서는 그의 혁신적인 양식이 별로 성공을 거두지 못하여 글래스고 밖에서는 중요한 주문이 들어오지 않았다.

매킨토시는 건물과 풍경을 그리는 수채화가로 여생을 보냈다. 빼어난 독창성 때문에 변칙적인 인물로 여겨졌지만 그의 작품들은 아르누보 이후 새로운 방향을 구축하려던 설계자들에게 중요한 이정표가 되었다. 특히 그의 가구 디자인과 서체가 커다란 반향을 불러일으켜 엄청난 명성을 누렸다.

> "
> 건축은 장식되어야 하지만 장식은 건축되어서는 안 된다.
> "

매킨토시의 충실한 후원자가 의뢰한 글래스고의 윌로 티 룸(1896) 실내장식

사실주의 건축의 개발자
오토 바그너

출생 1841년, 오스트리아 빈
의의 모더니즘의 탄생을 예견한 사실주의 건축의 개척자
사망 1918년, 오스트리아 빈

Otto Wagner

오스트리아의 영향력 있는 건축가이자 이론가, 도시계획가로 다양한 양식의 작품을 남겼다. 바그너 학파라고도 불리는 전 세계적으로 크게 영향을 끼친 빈 건축가 세대(빈 분리파)의 시조이다. 자재를 실용적으로 사용한 사실주의 건축으로 특히 유명하다.

> ★ 역사주의 Historicism
> 건축에서 과거를 재해석하여 설계에 적용하는 사고

오토 바그너는 다른 많은 유명한 건축가들과는 달리 자신의 고향이자 오스트리아-헝가리 제국의 수도인 빈에서 대규모 건축 사무소를 운영했다. 초기 건물들은 일반적인 역사주의* 성향을 띠었지만 다른 양식들에 개방적이었던 그는 훨씬 독창적인 건축을 발전시킬 수 있었다.

바그너는 과도기적인 인물이다. 그가 남긴 여러 건축물은 지금 우리에게는 장식적이고 고풍스러운 멋이 넘쳐나는 듯 보이지만 동시대 사람들에게는 종종 급진적이고 난해한 것으로 받아들여졌다. 그는 새로 등장한 자재에 적합한 새로운 건축 기법을 개발해야 한다고 생각했다. 바그너의 많은 건물은 기능에 중점을 두고 있는데, 이러한 특징은 이후 모더니즘 건축가들이 지지한 '형태는 기능을 따른다Form follows function'라는 강령의 출발점이 되었다. 반박의 여지가 없는 걸작인 우편저축은행Österreichische Postsparkasse(빈 우체국) 빌딩에서도 이러한 성향이 분명하게 나타난다. 1904년부터 1912년 사이에 단계적으로 건축된 이 우체국 건물에 대해 그는 "전통적인 형태를 살리기 위해 조금이라도 희생된 공간은 없다"라고 설명했다.

당당한 6층짜리 건물로 다른 대부분의 은행 건물들처럼 대리석으로 덮여 있지만 대리석을 고정시키는 리벳이 숨겨져 있지 않고 오히려 과시하듯 노출되어 있다. 윤이 나는 리벳은 장식적인 요소인 동시에 그것이 어떤 기능을 수행하는지를 분명하게 보여준다. 이러한 형태의 세련된 장식은 이후 20세기 건축에서 흔하게 이용되었지만 당시에는 상당히 참신한 아이디어였다. 건물의 중앙 안내 홀 역시 독창성이 뛰어나 많은 건축 편람에 실렸다. 거대한 아치형 이중 유리 천장(원래는 케이블로 매달 계획이었다)에 바닥에는 유리 벽돌을 간 이 공간은 당시로서는 굉장한 공학적 개가였다. 신선하고 경쾌한 분위기를 자아내는 빈 우체국 빌딩은 이후 공공건물과 사옥 건축에서 여러 차례 모방되었다.

> ★ 마졸리카 Majolica
> 마졸리카는 이탈리아에서 발달한 도자기이며 보통 흰 바탕에 여러 가지 물감으로 무늬를 그린 것이 특징이다.

바그너는 빈을 변모시킬 상세한 제안들을 많이 구상했지만, 그가 구상한 광범위한 도시계획의 대부분은 제도판 위에 머물렀다. 결실을 맺은 것으로는 도시 철도망 슈타트반 Stadtbahn이 있다. 바그너와 제자들은 유겐트 양식(아르누보의 독일판)의 유기적 형태로 가득 찬 장식적인 역사驛舍를 설계했다. 빈의 아파트 단지 마졸리카 하우스 Majolica House(1898)에는 극적으로 장식적인 양식을 적용했다. 외관이 화려한 타일로 덮여 있어 마졸리카*라는 이름을 얻었다.

그러나 역설적이게도 바그너는 1906년 빈에 건축한 슈타인호프 교회 Steinhof church가 장식이 부족하다는 이유로 프란츠 페르디난트 대공(황태자)의 노여움을 산 후 일선에서 어느 정도 물러났다.

바그너는 건축계에 이중적인 유산을 남겼다. 건축 자재를 실용적으로 사용한 점은 다음 세대인 모더니즘 건축가들에게 큰 영향을 미쳤으며, 한편으로는 장식적인 '세기말' 유겐트 양식의 지지자로도 유명하다.

논란의 여지가 없는 바그너의 걸작 오스트리아 빈 우체국 빌딩(1904~1912) 내부

빈 분리파의 공동 설립자
요제프 마리아 올브리히

출생	1867년, 체코공화국 오파바 (당시 오스트리아 트로파우)
의의	빈 분리파의 영향력 있는 일원이자 빈 분리파 전시관을 설계한 건축가
사망	1908년, 독일 뒤셀도르프

Josef Maria Olbrich

빈 분리파 예술가 집단의 공동 창립자이자 이들의 전시관 건물을 설계한 설계자로 잘 알려져 있다. 세기말 빈의 장식적인 건축 경향의 절정을 보여준 건축가이다.

빈에서 건축을 공부한 후 저명한 건축가 오토 바그너의 건축 사무소에 들어가 바로 두각을 나타내기 시작했다. 그는 이곳에서 빈의 새로운 철도 설계에 참여한 것으로 알려졌다. 장식성이 높은 이 철도 역사들은 아르누보의 독일판이라고 할 수 있는 유겐트 양식의 전형적인 예로 평가된다.

올브리히는 바그너를 통해 알게 된 화가, 건축가들과 함께 빈 분리파를 결성했다. 화가 구스타프 클림트, 건축가 요제프 호프만 등이 참여한 빈 분리파는 사람을 무기력하게 만드는 전통주의 academicism에서 벗어나 좀 더 자유로운 미적 환경을 창조하고자 했다.

이때 빈 분리파의 전용 전시관 설계가 그에게 맡겨졌다. 건축 비용의 일부는 비트겐슈타인가의 기부로 조달되었다. 그는 세기말 빈의 쾌락적인 양식을 전형적으로 표현한 놀랄 만큼 독창적인 건축물을 탄생시켰다. 건물은 다양한 정육면체 형태의 방들이 서로 맞물리며 솜씨 좋게 배치되어 있을 뿐 아니라, 그 화려한 장식으로 더욱 주목받았다. 화려하게 치장된 입구는 금빛 잎사귀가 무성한 나무를 표현한 프리즈frieze로 꾸며져 있다. 그 위에는 도금한 청동 나뭇잎들로 장식되어 신비로운 느낌을 주는 돔이 왕관처럼 얹혀 있다. 아래에는 "그 시대는 그 시대의 예술을, 예술에는 자유를Der Zeit Ihre Kunst, Der Kunst ihre Freiheit"이라는 선언문이 큰 글씨로 새겨져 있다. 내부 장식도 외부만큼 규모가 크며 클림트의 대표작 〈베토벤 프리즈Beethoven Frieze〉가 그려져 있다.

올브리히의 작품들은 영어권 미술공예운동 및 공상적 사회주의의 신념과 끈이 닿아 있다. 그는 열렬하게 좋아했던 작곡가 리하르트 바그너가 전파한 '종합예술Gesamptkunstwerk'의 관념에도 영향을 받았다.

올브리히는 그리스 신전과 같은 '신성하고 정숙한' 건물을 완성하고 싶은 소망과 의뢰받은 건축물에 대한 열정을 글로 남겼다. 그의 작품들은 낭만주의를 과도하게 표현했다는 비판을 받기도 하지만, 그는 단순히 실용적인 기능을 충족시키는 것을 넘어 건축가 자신의 감정을 표현하고 그 건물을 사용하는 사람들에게 긍정적인 느낌을 불러일으키는 것을 좋아했다. 그는 일상생활에 아름다움을 부여하기 위해 설계된 주관적이고 표현적인 건축의 개념을 옹호했다.

예술이 지닌 '정화와 해방'의 힘에 대한 그의 믿음은 가구와 가정용품 디자인으로 이어졌다. 그가 디자인한 식기류와 그림은 빈 분리파 건물만큼이나 영향력이 컸다. 바다 너머 미국에서 전시된 작품에 매료된 건축가 프랭크 로이드 라이트가 유럽 여행 중 마틸덴회에Matildenhöhe를 방문하기도 했다. 올브리히는 헤세 대공 에른스트 루트비히의 초청으로 참여한 독일 다름슈타트Darmstadt의 마틸덴회에를 비롯한 다양한 예술인 마을 건물들을 설계했다.

빈 분리파의 상징이자 빈의 대표적인 건물이 된 전시관
제체시온 홀 Secession Hall (1898)

빈 공방의 창시자
요제프 호프만

출생 1870년, 오스트리아 브르트니체(현재 체코공화국 영내)
의의 현대 건축에서 공예의 역할을 개척한 건축가
사망 1956년, 오스트리아 빈

Josef Hoffmann

섬세한 설계로 폭넓게 영향을 미친 20세기 초 오스트리아의 대표적인 건축가이자 설계자로, 공예뿐 아니라 공예와 건축과의 조화에 대한 새로운 접근방식도 개척했다. 빈 공방과 독일공작연맹의 공동 설립자이다.

요제프 호프만은 절친한 사이였던 올브리히와 함께 오토 바그너의 건축 사무소에서 일했으며 빈 분리파의 창립 회원 중 한 명이다. 오스트리아의 다른 진보적인 젊은 건축가들과는 대조적으로 거대한 공공건물보다는 호화 저택과 가구를 설계하며 경력을 쌓았다. 건축의 외부보다 실내장식과 내부 공간에 대한 감각으로 더 인정받았다.

호프만은 동시대의 빈 건축가들보다는 스코틀랜드의 찰스 레니 매킨토시와 벨기에의 헨리 반 데 벨데에게서 영향을 받아 자기 것으로 훌륭하게 소화했다. 이들은 다른 많은 아르누보 지지자들과 마찬가지로 건축뿐 아니라 응용미술에도 정통하여 그 둘 사이를 잇는 연속성을 발견했다. 호프만은 미술공예운동 지지자들과 마찬가지로 공예가 인간에게 주는 혜택과 일상생활에 부여하는 아름다움을 굳게 믿었다.

호프만은 부유한 기업가들의 후원을 받아 빈 공방을 공동 설립하여 자신의 생각을 실천에 옮길 수 있었다. 여기서 특기할 만한 점은 빈 공방에서 탄생한 아름답고 섬세한 작품들(도자기, 보석류, 그릇)은 디자이너뿐 아니라 제작에 참여한 공예가의 이름까지 모두 알려져 있다는 것이다. 빈 공방은 현대의 산업디자인과는 대조적으로 "하루에 열 개의 작품을 만들어내는 것보다 한 작품을 가지고 열흘 동안 만드는 것이 더 낫다"를 모토로 삼았다. 이후 호프만은 빈 공방과 비슷한 성격이지만 산업 생산에 좀 더 치중한 독일공작연맹을 공동 설립하기도 했다.

1905년, 호프만은 어느 부유한 벨기에 후원자의 의뢰를 받아 자

세부장식에 대한 새로운 기준을 세운 브뤼셀의 슈토클레트 저택

신의 가장 유명한 건축물이 될 공사를 시작했다. 브뤼셀에 있는 슈토클레트 저택Palais Stocklet이었다. 이 건물은 그 후 많은 건축물에서 모방된 새롭고 고급스러운 건축 형태를 보여주었다. 스승 바그너의 영향을 받은 것이 분명한 판 모양의 외면에 대해서 르 코르뷔지에 역시 칭송을 아끼지 않았다. 하지만 슈토클레트 저택이 명성을 얻은 것은 로마, 비잔티움, 이집트 궁전의 화려함을 연상시키는 엄청나게 세심하고 호화스러운 실내장식 때문이었다.

호프만이 남긴 유산은 복합적이다. 기하학적인 양식은 1930년대에 세계를 휩쓴 상업적인 아르데코Art Deco 양식에 중요한 영향을 준 반면 빈 공방은 전위적인 성향을 띤 독일 바우하우스의 중요한 전례가 되었다. 또한 건축과 설계에서 틈새시장을 개척하며 호화로움과 현대적인 감각을 동시에 실현했다.

독창적인 아르누보 건축가
안토니오 가우디

출생 | 1852년, 에스파냐 카탈루냐 레우스
의의 | 바르셀로나에서 가장 유명한 건축물의 대부분을 세운 매우 독창적이고 인기 있는 설계가
사망 | 1926년, 에스파냐 바르셀로나

Antoni Gaudí

놀랍도록 독창적인 건축가로, 설계한 독특한 건물들마다 바르셀로나 시의 상징물이 되었다. 아르누보의 유기적인 형태를 에스파냐의 고딕 양식 및 바로크 양식의 요소와 융합하여 독특한 건축물을 탄생시켰고 엄청난 인기를 누렸다.

카탈루냐 지방의 작은 마을에서 태어난 안토니오 가우디는 건축을 공부하기 위해 바르셀로나로 간 후 일생 동안 그곳에서 도시의 이미지를 영원히 바꿔놓을 건물들을 설계했다. 열렬한 채식주의자이자 독실한 가톨릭교도였던 가우디는 자신이 설계한 건물들만큼이나 독특한 삶을 살았다.

초기 작품들은 고딕 리바이벌 양식*을 따르고 있는데, 이는 당시 유럽을 휩쓸고 있던 아르누보의 영향을 받은 것이었다. 이후 가우디는 아무나 흉내 낼 수 없는 고유의 양식을 발전시키기 시작했다. 아르누보가 중요성을 띠는 부분은 무엇보다 건축과 설계에서 전통적으로 사용되던 직선에 자연 세계에서 도출된 유기적인 형상을 도입했다는 점이다. 시골을 좋아했던 가우디는 이런 요소를 유례없이 극단적으로 적용하여 인간이 세운 건물이라기보다는 자연물을 연상시키는 힘차고 구불구불한 형태의 건물들을 만들어냈다. 건축의 기하학적인 개념을 포기한 것은 바로크와 로코코 건축의 쾌활함에서 영향을 받은 것이다.

예를 들어 공중으로 구불구불 뻗어 나온 구엘 공원 Parc Güell(1914)의 발코니는 부서진 도자기 모자이크로 장식되어 있으며, 여기에 어울리지 않는 도리아식 기둥이 받치고 있다. 초창기에 건축한 아파트 건물 카사 바트요 Casa Batlló(1905)와 라 페드레라 La Pedrera라는 애칭으로 불리는 카사 밀라 Casa Milà(1906)는 더욱 독창적이다. 카사 바트요의 발코니는 거대한 동물의 뼈대를 엮어놓은 것

★ 고딕 리바이벌 양식
Gothic Revival style
18세기에 영국에서 일어난 고딕풍의 유행과 그에 따른 건축 양식

처럼 보이고, 곡선을 이루는 카사 밀라의 외관은 설계한 것이라기보다 바위가 풍화된 것처럼 보인다.

그의 걸작으로 통하는 사그라다 파밀리아Sagrada Familia(성 가족 성당)는 1882년에 공사가 시작되었다. 이는 독특한 형상과 복잡한 상징이 기묘하게 조합된 건축물이다. 네 개의 주탑(당초에는 모두 열여덟 개를 계획했다)이 길쭉한 개미탑처럼 높이 솟아 있고 건물의 나머지 부분은 기이한 세부장식으로 덮여 있다. 그는 건축가로 활동한 마지막 수십 년 동안 이 성당 건축에 전적으로 매달렸다. 전차 사고로 세상을 떠나기 전까지 여러 해 동안 성당 지하실에서 생활했다. 안타깝게도 스페인내전 때 성당의 최종 모형이 부서지고 건물은 미완성으로 남았지만 그의 뜻을 살려 가우디 서거 100주년인 2026년에 완공할 계획이라고 한다.

가우디가 건축한 건물은 언제나 대중에게 큰 인기를 얻었지만 건축가들에게는 종종 외면당했다. 최근에 들어서야 주요 설계자와 건축가들이 가우디 작품의 특징인 생물을 연상시키는 형태를 진지하게 연구하기 시작했다.

> 66
> 직선은 인간의 것이며 곡선은 신이 창조한 것이다.
> 99

가우디의 걸작인 사그라다 파밀리아 성당. 2026년에 완공될 계획이다.

Part 3
Early Modern
초기 모더니즘

장식에 반대한 모더니즘 건축가
아돌프 로스

출생 | 1870년, 체코공화국(당시 오스트리아-헝가리 제국) 브르노
의의 | 장식이 없는 깔끔한 건축 형태를 지지한 선구적인 건축가
사망 | 1933년, 오스트리아 빈

Adolf Loos

모더니즘의 대표적인 개척자로 꼽힌다. 작품으로만이 아니라 불필요한 장식에 반대한 것으로도 유명하다. 1908년에 발표한 유명한 저서 《장식과 죄악 Ornament and Crime》을 통해 장식을 범죄에 비교했다. 장식은 '색정적'이며 심지어 '타락'이라고까지 주장하면서 "문화의 진화는 실용적인 사물에서 장식을 제거하는 것과 동의어이다"라고 했다.

아돌프 로스는 오스트리아-헝가리제국 브르노의 초라한 시골에서 태어났다. 그는 많은 지역을 여행하며 특히 미국의 현대성에 깊은 인상을 받았다. 접시닦이, 기자 등 다양한 직업을 거친 후 제국의 호화로운 수도 빈에서 건축가로 정착하여 그곳에서 주로 활동했다.

빈은 바로크 양식과 제국의 건축물로 가득 차 있었고, 빈의 아르누보 운동(유겐트슈틸) 단체 빈 분리파가 이 도시에서 활동했다는 점에서 짐작할 수 있듯이 클림트의 회화에서부터 구스타프 말러의 음악, 호프만의 건축에 이르기까지 모든 것에 관능적이고 화려한 세부 장식이 적용되고 있었다.

장식에 대해 매우 비판적이었던 로스는 장식은 적절하게 절제되어야 하며 건물은 실용적인 쓰임이 있기 때문에 기능적이어야 하며 예술인 척해서는 안 된다고 주장했다. 로스와 같은 문화 집단에 속했던 빈의 철학자 카를 크라우스는 이런 재치 있는 표현을 했다.

"(우리들은) 항아리와 요강은 다르다는 것을 보여주었을 뿐이다. 다른 이들의 경우… 항아리를 요강으로 쓰는 사람과 요강을 항아리로 쓰는 사람으로 나뉜다."

로스가 설계한 건축물 중 대표적인 것은 흔히 로스 하우스라고 불리는 골드만 앤드 잘라치 빌딩Goldman and Salatsch buiding이다. 1909년에서 1911년 사이에 바로크 양식의 건물이 있던 자리에 긴축되었다. 이곳은 빈 중심부, 황실 저택 맞은편의 요지였다. 로스는 자신의 신념을 실천에 옮겨 단순하며 논리적인 혁신적 건물을 선보였다.

하지만 장식이 배제된 로스 하우스의 깔끔한 외관은 극도로 장식적인 건축에 익숙해 있던 빈의 대중들에게 완공되기 전부터 비난을 받았다. 언론은 이 건물을 거대한 헛간에 비유했고 공공장소에 볼썽 사나운 건물이 들어서는 것을 불평하는 평론가들도 줄을 이었다. 공무원들까지 개입하여 건축을 중단할 것을 요구했다. 그렇지만 결국 건물 외관에는 로스의 의도가 많이 반영되었다. 로스는 점차 주류에서 밀려났지만 오늘날 골드만 앤드 잘라치 빌딩과 이 건물을 둘러싼 논쟁은 현대 건축의 신기원을 이루는 순간으로 평가된다.

로스 하우스라고도 불리는 골드만 앤드 잘라치 빌딩(1909~1911)

마천루의 개척자
루이스 헨리 설리번

출생	1856년, 미국 매사추세츠 주 보스턴
의의	철골 구조 건축과 초기 마천루의 개척자
사망	1924년, 미국 일리노이 주 시카고

Louis Henri Sullivan

시카고파*의 대표적인 멤버로 19세기의 장식적인 전통을 확장했다. 마천루라는 완전히 새로운 영역을 개척했다. 초기의 중요한 마천루 건물 중 일부를 설계했다.

루이스 헨리 설리번은 매사추세츠 공과대학을 졸업하고 시카고에서 다양한 건축가들과 공동 작업을 했다. 또한 파리 에콜 데 보자르 Ecole des Beaux Arts를 거치며 폭넓은 건축 소양을 쌓았다. 여기에서 19세기 유럽을 지배한 장식적인 양식을 익혔다.

1871년의 대화재 이후 시카고는 건축에 폭넓게 영향을 미친 혁신적이고 구조적인 접근방식으로 시의 많은 지역을 재개발했다. 이 무렵 건축가와 구조공학자들은 벽돌 벽에 의존하지 않고 높은 하중을 견디는 철골 구조로 빌딩을 세우기 시작했다. 철골은 강도가 높아 예전에는 불가능했던 높이까지 쉽고 안전하게 건물을 올릴 수 있게 해주었다. 이 새로운 기술을 설리번이 처음 도입한 것은 아니지만 그는 철골 구조에 특유의 표현기법을 부여한 최초의 건축가이다. 그는 독일 출신의 당크마르 아들러와 손을 잡고 금속 뼈대를 사용한 상업용 고층건물들을 연이어 내놓았다.

세인트루이스의 웨인라이트 빌딩 Wainwright Building(1890~1891)은 종종 이 분야의 최초의 걸작으로 꼽힌다. 11층으로 이루어져 있으며 정교한 구조를 섬세한 외부 장식과 결합한 것이 특징이다. 수직적인 요소가 강조되었고 건물의 1층과 꼭대기 층을 서로 대조적으로 장식했다. 이는 미국과 전 세계의 많은 사무용 건물의 본보기가 되었다. 뉴욕 주 버팔로의 개런티 빌딩 Guaranty Building(1894~1895, 지금은 푸르덴셜 빌딩이라 불림)도 고층건물에 대해 비슷한 미적 해법을 제시했다. 외관을 장식하고 명확하게 표현하기 위해 아치 arch를 활용했다.

★ 시카고파 Chicago School
19세기 말부터 20세기 초까지 시카고에서 활약한 미국 현대 건축의 선구자적 건축가 그룹

아들러와 사이가 벌어진 후 독자적으로 사무소를 연 설리번은 1899년에 지금은 설리번 센터 Sullivan Center라고 불리는 슐레징거 마이어 백화점의 대형 빌딩을 설계했다. 설리번의 가장 뛰어난 작품으로 평가받는 이 건물은 합리적이고 실용적인 층별 배치와 함께 섬세한 철골 구조와 외면의 테라코타* 장식이 눈에 띈다.

★ 테라코타 terra cotta
양질의 점토로 조형한 작품을 그대로 건조하여 굽는 것

★ 초월주의 transcendentalism
19세기 미국 사상가들이 주장한 이상주의적 관념론을 따르는 사상 개혁 운동의 하나

슐레징거 마이어 빌딩 건축 후 유행이 보다 보수적인 형태로 바뀌며 건축 의뢰가 줄어들자 설리번은 집필 활동에 많은 시간을 보냈다. 그는 세기가 바뀔 당시 유행했던 초월주의*와 같은 다양하고 비밀스러운 철학 사조에 관심을 가졌다. 물론 이런 철학들에 대한 관심이 저서에 많은 영향을 미쳤다. 설리번은 오늘날 건축 못지않게 이 저서들로도 잘 알려져 있다. 1906년에 출간한 《예술적으로 고찰한 고층 사무용 건물 The Tall Office Building Artistically Considered》은 "형태는 항상 기능을 따른다"라는 유명한 문구로 끝을 맺고 있는데 이는 20세기 내내 모더니즘의 강령이 되어 큰 반향을 불러일으켰다. 그의 자서전 《아이디어의 자서전 The Autobiography of an Idea》도 널리 읽힌 책이다.

형태가 기능을 따른다는 금언과 초기의 마천루 개발에 끼친 공헌으로 볼 때 설리번은 분명 건축의 거장 대열에 오를 자격이 있지만, 이러한 평가에는 그의 제자 프랭크 로이드 라이트의 지지도 적지 않은 역할을 했다.

지금은 설리법 센터라고 블리는 시카고 슐레징거 마이어 빌딩(1899)

SKYSCRAPERS
마천루

마천루는 모더니즘 건축의 표상일 뿐 아니라 아마도 20세기의 상징일 것이다. 마천루는 프랑스의 웅장한 고딕 양식 성당과 마찬가지로 의도적으로 경외심과 경탄을 자아내기 위해 수직적으로 설계된 극적인 건축물이다.

1870~1880년대 시카고의 재건에 참여한 건축가 및 구조공학자들의 독창성에서 마천루의 기원을 찾아볼 수 있다. 이들은 전통적인 벽돌 벽에 의존하는 대신 하중을 지지할 수 있는 철골 구조를 활용했다. 철골의 강력한 내구력, 기술의 발달 그리고 엘리베이터의 발명으로 예전에는 상상할 수 없었던 높이까지 건물을 올릴 수 있게 되었다. 고층건물은 곧 기업의 힘과 야망을 표현하는 하나의 상징이 되었다. 새로운 시카고 건설에 참여했던 설리번은 1896년의 저서에서 "높아야 한다. 높이가 주는 기세와 힘이 있어야 하며 높이가 주는 영광과 세력이 있어야 한다"라고 썼다.

이런 새로운 건축 기법을 사용한 초기 건물들 중에서 눈에 띄는 것은 윌리엄 르바론 제니가 설계한 시카고의 10층짜리 건물 홈 인슈어런스 사옥Home Insurance Building(1884)이다. 이 건물은 대중의 경탄을 불러일으켰고 그 이후 마천루skyscraper라는 용어가 널리 쓰이게 되었다. 맨해튼에 최초로 생긴 대표적인 마천루로는 시카고의 건축가 대니얼 번햄이 1902년에 세운 22층 높이의 플랫아이언 빌딩Flatiron building을 들 수 있다. 시카고와 뉴욕 시는 경쟁적으로 점점 더 높은 건물을 지어 올렸다. 과거에 더 높은 탑을 세우는 것으로 시민들의 자존심을 겨루었던 중세 이탈리아 도시국가들의 지역주의를 연

> *"어느 모로 보나 자랑스러운 높이 치솟은 건물.
> 바닥에서 꼭대기까지 순전한 기쁨으로 솟아오른,
> 단 하나의 이의도 없는 단일체."*
>
> — 루이스 헨리 설리번

상시키는 모습이었다. 뉴욕에서 가장 사랑받는 두 개의 마천루는 1920년대의 호황기에 탄생했다. 1928년, 아르데코 양식의 영향을 받은 320미터 높이의 우아한 크라이슬러 사옥이 세워졌다. 설계자는 윌리엄 반 알렌이었다. 얼마 후 1930년에는 '슈립, 램 앤드 하먼 어소시에이츠'가 설계한 엠파이어스테이트 빌딩이 공사를 시작했다. 높이 380미터, 102층이라는 기록적인 층수로 건설된 이 건물은 1974년 시카고에 윌리스 타워 Willis Tower (전 시어스 타워)가 세워지기 전까지 세계에서 가장 높은 건물이라는 영예를 누렸다.

전 세계 주요 도시의 금융지구에 특히 마천루가 많이 들어섰다. 마천루는 지가가 비싼 지역의 현실적인 대응이면서 동시에 일류 기업의 표상이 되어주었기 때문이다. 최근 지어진 대표적인 마천루로는 세사르 펠리가 설계한 말레이시아 쿠알라 룸푸르의 페트로나스 트윈 타워 Petronas Twin Towers (1992~1998)와 '포스터 앤드 파트너스' 건축사무소가 설계한 영국 런던의 30 세인트 메리 액스 30 St Mary Axe (2004)를 들 수 있다. 30 세인트 메리 액스 빌딩은 특이한 원뿔 모양의 외형 때문에 흔히 '거킨 Gherkin' 빌딩이라고 불린다. 두바이에 새로 조성된 금융지구에 건설된 높이 800미터가 넘는 부르즈 두바이 Burj Dubai는 2009년 현재 세계에서 가장 높은 건물이다. 설계사는 마천루 건설로 유명한 '스키드모어, 오윙스 앤드 메릴 SOM'이며 하늘로 1.6킬로미터나 뻗어 있는 프랭크 로이드 라이트의 유토피아적인 마천루 스케치에서 영감을 얻었다고 한다.

마천루는 20세기의 낙관주의를 표현하는 한편, 세계무역기구의 상징적인 탑이었던 맨해튼 쌍둥이 빌딩의 2001년 9월 11일 참사로 불안한 새 시대의 시작을 알리기도 했다.

유기적인 모더니즘 건축가
프랭크 로이드 라이트

출생 | 1867년, 미국 위스콘신 주 리칠랜드 센터
의의 | 미국적인 형식이 뚜렷한 모더니즘을 창시한 건축가
사망 | 1959년, 미국 애리조나 주 피닉스

Frank Lloyd Wright

흔히 미국의 가장 뛰어난 건축가로 인정받으며 다작하는 건축가이기도 했다. 현대 미국을 대표하는 건축물들을 포함해 500여 개의 건물을 설계했다. 대담한 기법과 폭넓은 영향력을 발휘하면서도 자연에 대한 깊은 존중을 표현해냈다.

프랭크 로이드 라이트는 젊은 시절부터 관습을 따르지 않는 인물이었다. 고향인 위스콘신 주를 떠나 한창 건설 붐이 일던 시카고로 가서 아들러 앤드 설리번 설계사무소에서 잠시 일을 했다. 여기서 그는 평생 동안 지속된 루이스 설리번에 대한 존경심을 키우게 되었다.

아르바이트 직장에서 해고된 뒤 1893년에 건축사무소를 개업했다. 곧 '프레리 양식Prairie style' 설계 일로 바빠졌다. 프레리 양식이란 용어는 이 주택들이 지어진 시카고 근처의 풍경(대초원)에서 나온 것이다. 라이트는 그린앤드그린과 찰스 레니 매킨토시처럼 일본 건축에 매료되어 일본 건축의 요소를 통합한 새로운 건축 형태를 만들어냈다. 예를 들어 오하이오 주 스프링필드에 건축한 웨스트콧 하우스Westcott House(1908)에는 전통적인 일본 불교 사원의 영향이 분명하게 드러난다.

라이트의 첫 걸작이자 초기 '프레리' 양식의 대표적인 건축물로 시카고의 프레더릭 C. 로비 하우스Frederick C. Robie House(1908~1910)를 들 수 있다. 로비 하우스는 캔틸레버 구조를 극적으로 활용한 지붕이 길게 뻗어 있다. 또한 수평선을 강조하고 삐죽 튀어나온 공간을 두어 편안하고 개방적인 분위기를 연출했다.

로비 하우스를 짓는 동안 유럽을 여행하게 된 라이트는 베를린에서 바스무스 출판사와 건축 작품집을 출간하기로 협의했다. 이후 그의 책들은 세계적으로 큰 호평을 받았다. 얼마 머물지 않고 미국으로 돌아온 후에는 혼란스러운 시기를 보내다가 건축사무소를 재정비했다.

널리 알려진 20세기 대표 건축물 낙수장(1934~1937)

낙수장Fallingwater(1934~1937)은 라이트가 건축한 가장 뛰어난 주택으로 평가되며 매우 유명하다. 부유한 출판계 거물의 의뢰로 설계한 이 주택은 펜실베이니아 시골 지역의 외진 곳, 강이 흐르는 위치를 충분히 활용했다. 캔틸레버 공법을 사용한 콘크리트 발코니는 마치 폭포의 일부분인 것처럼 보인다. 주변 풍경의 일부처럼 어우러져 있는 낙수장은 라이트가 지지하던 '유기체론organicism'을 전형적으로 보여주는 작품이다.

만년의 걸작은 1943년에 착공하여 라이트가 세상을 떠난 1959년에 문을 연 뉴욕 구겐하임 미술관Guggenheim Museum이다. 거꾸로 선 거대한 달팽이 모양으로 누구나 쉽게 알아볼 수 있다. 미술관을 찾은 이들은 엘리베이터를 타고 건물 꼭대기로 올라가 점점 지름이 줄어드는 나선형 경사로를 따라 내려오면서 전시된 작품들을 감상한다. 건물 외관의 유기적인 곡선은 직선으로 가득 찬 뉴욕 시내의 풍경과 대조를 이룬다.

그의 건축은 세계적으로 영향을 미쳤다. 건물과 주변 환경을 주의 깊고 '유기적으로' 통합하며 자연을 존중했던 그의 작품은 르 코르뷔지에와 그 제자들의 작업에 중요한 대안을 제시했다.

> **자연을 공부하고, 자연을 사랑하고, 자연에 가까이 머물러라.
> 자연은 결코 당신을 저버리지 않을 것이다.**

데 스테일 건축가
게리트 리트펠트

출생 | 1888년, 네덜란드 위트레흐트
의의 | 모더니즘의 중심이 된 기하학적 단순성을 처음으로 주창한 건축가
사망 | 1964년, 네덜란드 위트레흐트

Gerrit Rietveld

독창성이 뛰어난 건축가이자 가구 디자이너이다. 영향력 있는 예술운동이었던 데 스테일* 운동의 미적 철학을 디자인에 엄격히 적용했다. 특히 슈뢰더 하우스에서 구현한 극도의 추상화는 모더니즘 건축의 발달사에 중요한 유산을 남겼다.

게리트 리트펠트는 캐비닛 제작과 보석 디자인을 배우고 가구 회사를 차린 뒤에야 건축 공부를 시작했다. 1917년, 지금은 유명해진 기하학적 형상의 레드블루 의자Red Blue chair를 디자인하고 전위적인 데 스테일 그룹과 어울리기 시작했다.

대표적인 초기 모더니즘 운동인 데 스테일은 그룹의 지도자인 테오 판 두스부르흐가 편집인으로 있던 잡지에서 이름을 따온 것이다. 미적 조화와 추상화를 이상적으로 추구하는 이 운동의 원칙에 따라 데 스테일의 실천가들은 형태의 경우 직선을, 색상의 경우 원색과 흰색과 검은색만을 사용했다. 데 스테일 운동의 가장 유명한 인물로는 화가 피트 몬드리안이 있다. 리트펠트는 이 급진적인 미학을 가구 디자인과 건축에 적용하여 광범위한 영향을 끼쳤다.

슈뢰더 하우스Schröder House는 급진적인 성향을 가진 젊은 미망인 트루스 슈뢰더 슈레더와의 친분으로 리트펠트가 1924년 위트레흐트 교외에 설계한 집이다. 데 스테일의 원칙을 건축에 철저하게 적용한 유일한 작품으로 평가되며, 종종 삼차원적인 몬드리안 그림이라 일컬어진다. 슈뢰더 하우스는 하나의 면과 직각밖에 존재하지 않는, 미학적으로 매우 엄격하게 정의된 공간으로 표현되었다. 기하학적 설계가 주는 전체적인 효과를 망치지 않기 위해 창문도 직각으로만 열리게 한 것으로 유명하다. 삭막한 추상화와 엄격한 기하학적 구조를 새로운 수준으로 끌어올린 이 건물의 미학은 그 후 현대 건축의 두드러진 특징이

★ 데 스테일 De Stijl
1917년에 네덜란드에서 일어난 예술 운동으로, 기하학적인 요소와 공간적 구성을 특징으로 한다. '데 스테일'은 네덜란드어로 '양식style'이라는 뜻이다.

되었다.

　이후의 모더니즘 건축가들이 모방한 또 하나는 리트펠트가 '다락방attic'이라고 표현한 꼭대기 층이었다. 이 층은 고정된 벽이 아닌 움직일 수 있는 막이 설치되어 개방적이고 경쾌한 공간이며 거주자가 원하는 대로 변경이 가능했다.

　리트펠트는 말년에 이르러 데 스테일 운동의 극단주의에서 벗어났다. 그 시기의 건물에서는 슈뢰더 하우스와 같은 놀라운 독창성은 보이지 않는다. 대표적인 작품은 암스테르담의 반 고흐 미술관Van Gogh Museum으로 리트펠트 사후인 1973년에 개관했다.

　리트펠트의 초기 작품으로 특히 엄청난 갈채를 받은 슈뢰더 하우스는 20세기의 위대한 건축가 르 코르뷔지에와 미스 반 데어 로에에게 중대한 영향을 미쳤다. 리트펠트는 20세기를 특징짓는 완전히 새로운 건축적 표현형식으로 가는 길을 연 것이다.

데 스테일 운동의 원칙을 건축에 엄격하게 적용한 유일한 건물, 슈뢰더 하우스(1924)

모더니즘의 창시자
르 코르뷔지에

출생	1887년, 스위스 라쇼드퐁
의의	모더니즘 건축의 새로운 패러다임을 연 건축가
사망	1965년, 프랑스 로크브륀느 카프 마르탱

Le Corbusier

팔라디오 이후 가장 유명하고 영향력 있는 건축가로 평가된다. 그가 설계한 다양한 건축물은 모더니즘의 여러 요소를 구현하면서 20세기 건축 위에 우뚝 서 있다.

르 코르뷔지에는 젊은 시절 여행을 다니며 실력 있는 다른 건축가들의 세계를 흡수했다. 그리고 이를 바탕으로 모더니즘 건축의 가장 유력하고 영향력 있는 경향을 발전시켰다. 스위스에서 태어난 르 코르뷔지에의 본명은 샤를 에두아르 자느레이며 대부분 프랑스에서 일했다.

　1923년, 르 코르뷔지에는 현대 건축의 선언서라고 할 수 있는 《건축을 향하여 Vers une Architecture》를 발간했다. 전 세계 진보적 건축가들의 필독서가 된 이 책에서 르 코르뷔지에는 공산주의에서 영감을 얻은 유토피아적인 이상을 자세히 설명했다. 그는 건축과 기술을 효과적으로 결합하면 더욱 평등한 미래 사회를 만들 수 있다고 믿었다. 건축은 양식에 치중하기보다는 기능적이어야 하며 '생활을 위한 기계'로 설계되어야 한다고 그는 밝히고 있다. 르 코르뷔지에는 콘크리트와 강철을 이용한 새로운 건축 방식을 택해 다른 어느 건축가보다 뛰어나게 이 기술을 활용했다. 그리하여 그만의 새로운 건축 언어를 창조했다. 그의 특징적인 건축은 20세기 내내 거듭 모방되었다.

　르 코르뷔지에의 초기 순수주의* 작품 중에서 대표적인 건축물은 파리 외곽에 건축된 빌라 사보아 Villa Savoye(1928~1931)로, 새로운 고전주의(형식은 그리스의 신전에서 빌려왔다)와 현대 주택의 참신한 패러다임을 통합해 보여주었다. 깔끔한 선과 우아한 아름다움이 (계단 대신 경사로를 사용하는 것과 같은) 혁신적인 내

★ **순수주의** Purism
1918년 프랑스에서 입체주의를 계승하여 일어났으며, 필요 없는 장식과 과장을 배격하고 조형미를 강조하며 기능성을 최대한 살리려 한 예술 흐름

부 구조와 잘 어우러져 있다. 또 흰색의 추상적인 형태는 이 건물을 국제주의 양식*의 가장 대표적인 작품으로 자리매김하게 만들었다. 마르세유에 세워진 위니테 다비타시옹Unité d'Habitation(1946~1952)은 그의 중기 대표작으로, 그는 이 건물에 합리화와 도시계획에 대한 자신의 생각을 융합해냈다. 12층짜리의 이 아파트 건물은 1,600명의 사람들에게 다양한 면적의 주거 공간을 제공했다. 아마도 전후에 시행된 사회주택(임대주택) 사업에서 가장 많이 모방된 건물일 것이다. 거칠게 쏟아 부은 콘크리트는 브루탈리즘*이라 불리는 새로운 건축 동향을 일으켰다.

● **국제주의 양식**International Style
20세기 중엽에 널리 유행한 성숙한 형태의 모더니즘 건축을 가리킬 때 쓰는 말. 단순한 직선 형태를 사용하고 대개 흰색을 칠했으며 콘크리트, 유리, 강철을 이용한 것이 특징이다. 르 코르뷔지에가 설계한 빌라 사보아가 전형적인 예다.

★ **브루탈리즘** Brutalism
건축 설계에 기능주의적 접근을 요구하며 거대한 콘크리트나 철제 블록 등을 사용하는 건축 양식으로 야수주의라고도 한다.

　노트르담 뒤 오 예배당Chapel Notre-Dame-du-Haut(흔히 롱샹 예배당이라고 한다)은 그가 방향을 급격하게 전환한 건축물인데 초기 작품들만큼이나 찬사를 받았다. 예배당의 유기적이고 조각적인 형태는 기계 미학에 의존하지 않고 초현실주의 예술에서 영감을 얻었다.

　르 코르뷔지에가 20세기 건축과 도시계획에 끼친 영향은 막대하다. 현대의 건축가라면 누구나 르 코르뷔지에의 주요 작품들을 꿰고 있을 정도이다. 그러나 차가운 기계 느낌을 주는 미학으로 후일 비인간적이라는 비판을 받기도 했다. 그러나 롱샹 예배당으로 대표되는 다른 작품들에서 보이는 자유롭고 표현적이며 조각적인 형태는 포스트모더니즘과 그 이후를 예견하기도 했다.

초기 모더니즘

국제주의 양식의 대표적인 건물인 빌라 사보아(1928~1931)

MODERNISM
모더니즘

모더니즘은 20세기의 대표적인 문화운동이다. 세기가 바뀔 무렵 시작되어 1970년대까지 이어진 모더니즘은 진보적인 실천가들, 그들이 쓰는 용어로는 '전위적인 실천가'들이 공유하는 공통적인 사고방식을 가리킨다.
이들은 산업화·기계화된 세상에 적극적으로 참여하고 새로 조성된 도시의 대규모 인구의 요구에 부응하고자 했다.

문학에서는 프란츠 카프카와 제임스 조이스, 음악에서는 아널드 쇤베르크와 이고리 스트라빈스키, 회화에서는 파블로 피카소와 바실리 칸딘스키가 대표적인 모더니스트이다. 건축에서는 르 코르뷔지에, 발터 그로피우스, 미스 반 데어 로에 3인방이 중요한 모더니즘 건축가로 꼽힌다. 이들은 세계적으로 빠르게 확산된 새로운 건축 양식의 선봉에 섰다.

  화가들은 새로운 도시 환경에서 인간의 주체성이 분열되는 현상을 이해하기 위해 지그문트 프로이트와 같은 인물의 사상에 의존한 반면, 건축가들은 카를 마르크스의 정치철학에 초점을 맞추는 경향이 있었다. 그리하여 모더니즘 건축에는 사회적인 양심이라는 개념이 더해졌다. 주요한 모더니즘 건축가 중 많은 이들이 공산주의자는 아니더라도 공산주의 신념과 1917년의 러시아혁명으로부터 영향을 받았다. 대부분의 모더니즘 건축가들에게 건축은 건물을 설계하는 것뿐 아니라 새로운 사회의 건설, 현대적인 삶이 펼쳐질 수 있는 새로운 형태의 창조를 의미했다. 모더니즘 건축가들은 기술은 선善을 창조하기 위한 수단이며 건축은 실용적·기능

> **" 주택은 생활을 위한 기계이다. "**
> 르 코르뷔지에

적 역할을 해야 한다고 굳게 믿었다. 이러한 신념은 모더니즘 건축에서 자주 언급되는 "형태는 기능을 따른다"라는 강령으로 요약된다.

르 코르뷔지에가 1922년 전시회에 출품한 현대 도시 Ville Contemporaine 계획안에는 모더니즘 건축 작업의 많은 특징이 집약되어 있다. 여기에는 300만 명이 거주하는, 직선으로 이루어지고 미래지향적인 '이상적인' 도시가 제시되어 있다. 이 도시의 시민들은 유리로 둘러싸인 마천루에서 살며 고가도로를 따라 이동하는 것으로 계획되었다. 이런 도시가 실제로 실현되지는 않았지만 획일화된 건물에 사람들이 빽빽이 모여 살고 공간이 완전히 자동화된다는 그들의 상상이 낳은 파급력은 엄청났다. 설계안은 전 세계 모더니즘 건축가들이 구상한 보다 작은 계획안들에 영향을 미쳤다.

모더니즘의 출발은 양식이 아니라 철학이었다. 그러나 콘크리트·강철·유리 등 '현대적' 자재를 사용하는 합리적이고 명쾌한 건축, 장식의 배제, 오픈 플랜식 배치, 평편한 지붕, 명확하고 단순한 기하학적 형태 등의 형식적인 특징이 1930년대 국제주의 양식으로 전해졌다.

1930년대와 1940년대 들어 손꼽히는 유럽의 많은 모더니즘 건축가들이 미국으로 건너갔다. 그 이후 모더니즘 건축은 초창기의 이상적인 열정을 상당 부분 잃어버리고 대신 현대적인 외관을 세상에 보여주고 싶어하는 기업들의 의뢰에 부응하여 형식적인 요소에 치중하게 되었다. 한편 다른 지역에서는 모더니즘이 사회주택 사업에 큰 영향을 끼쳤는데, 의도는 좋았으나 부실하게 지어진 것이 많아 지금은 평가가 그리 좋지 않다.

1970년대 초가 되자 모더니즘은 미학적·철학적으로 자연스럽게 소멸해 갔다. 1990년대 들어서는 유리 외벽 등 모더니즘 건축의 형식적인 요소를 활용하면서도 순수하게 형식적·상업적인 목적을 추구하는 네오모더니즘 건축이 수복을 끌었고 노먼 포스터와 같은 현대 건축가들이 이를 실천했다.

바우하우스의 설립자
발터 그로피우스

출생	1883년, 독일 베를린
의의	영향력 있는 조형 학교 바우하우스의 설립자이자 모더니즘 건축의 개척자
사망	1969년, 미국 매사추세츠 주 케임브리지

Walter Gropius

가장 중요하고 영향력 있는 현대 건축가 중의 한 명이다. 유리와 평편한 지붕을 많이 이용하는 새로운 구조적 접근방식을 개척하였고 바우하우스를 이끌며 많은 모더니스트 디자이너와 건축가를 배출했다.

초기 모더니즘

발터 그로피우스는 독일의 중요한 건축가인 페터 베렌스 밑에서 건축 일을 배우던 때에 훗날 모더니즘 건축의 또 다른 권위자가 된 르 코르뷔지에, 미스 반 데어 로에를 만났다. 1907년에 베렌스가 설계한 아에게AEG 공장은 산업 건축에 혁명을 일으키며 기업 이미지 통합 전략corporate identity(CI)이라는 현대적인 개념을 만들어냈다.

1911년, 그로피우스가 의뢰받은 첫 주요 건설 역시 공장이었다. 하노버의 파구스 공장Fagus Werke(아돌프 마이어와 공동 설계)에서 그는 베렌스의 아이디어를 한 단계 더 발전시켰다. 이 건물은 마치 유리 커튼을 친 것처럼 외면을 창 유리가 완전히 덮고 있으며, 모서리도 뚜렷한 건축적인 지지물 없이 유리로 이어져 있다. 이러한 커튼 월* 공법은 극적이고 급진적인 기술 혁신으로서 현대 모더니즘 건축물의 전형적인 특징이 되었다.

그로피우스는 벨기에의 건축가인 헨리 반 데 벨데의 뒤를 이어 바이마르의 작센 대공 미술공예학교 교장으로 취임했다. 그는 학교를 선진적으로 관리하여 바우하우스로 탈바꿈시켰다. 바실리 칸딘스키, 파울 클레, 요제프 알베르스, 헤르베르트 바이어, 미스 같은 20세기의 뛰어난 인재들이 교사로 일하며 학생들에게 최신 모더니즘 사상을 심어주었다.

1925년, 그로피우스는 학교를 데사우로 이전하고 새로운 교사를 설계했다. 새 건물의 외형은 그 안에서 가르치고 있는 모더니즘 설계를 그대로 표현해낸 상징적인 건축물이었다. 현대 건축의 또 다른 지

★ **커튼 월**curtain wall
칸막이 구실만 하고 하중을 지지하지 않는 바깥벽

표가 된 데사우 바우하우스 교사 역시 인상적인 유리 외벽이 특징이다. 평평한 지붕이 덮인 커다란 건물 두 동이 가느다란 기둥으로 받쳐진 다리 같은 작은 건물로 서로 연결되어 있다.

히틀러가 권력을 잡자 그로피우스는 미국으로 건너가 매사추세츠 주 링컨에 자신이 살 집을 지었다. 이 주택과 하버드 대학교에서의 강의를 통해 그는 미국에 유럽 모더니즘 건축의 최신 동향을 소개했다.

그의 후기 대표작은 1963년에 개관한 팬아메리칸월드 항공사 빌딩Pan-Am Building(후에 메트라이프 빌딩MetLife Building으로 이름이 바뀜)이다. 이는 에머리 로스 앤드 선스 회사 그리고 피에트로 벨루스키와 공동 설계했다. 이 건물을 성공작으로 평가하지 않는 이들도 많다. 맨해튼의 중심부를 내려다보며 센트럴 스테이션 뒤로 높이 솟아 있는 이 58층짜리 마천루의 뭉툭한 외관은 종종 단조롭고 무거운 느낌을 준다. 그러나 이는 전후에 건설된 수많은 상업용 건물을 대표하는 건물임에는 틀림없다.

그로피우스는 초기에 이룬 성취만으로도 단연 20세기 건축설계와 모더니즘의 중심인물이라고 할 수 있다. 그로피우스는 건축의 발전에 중요한 역할을 한 바우하우스의 설립자이자 교사로서 모더니즘 건축과 설계에 커다란 발자취를 남겼다.

그로피우스가 설계한 독일 데사우의 바우하우스(1925)

형식주의 모더니즘의 개척자
루트비히 미스 반 데어 로에

출생 1886년, 독일 아헨
의의 널리 모방된 형식주의 모더니즘의 대표자
사망 1969년, 미국 일리노이 주 시카고

Ludwig Mies van der Rohe

르 코르뷔지에, 그로피우스와 함께 현대 건축의 지주로 꼽히는 인물이다. 다른 두 명이 건축가인 동시에 사회적 선구자였던 데 반해, 미스 반 데어 로에는 형태를 철저하게 단순화하고 세부처리에 세심하게 주의를 기울인 모더니스트 건축가의 또 다른 그룹을 대표하는 인물이었다.

루트비히 미스 반 데어 로에는 다른 두 명의 유명한 동시대 건축가와 마찬가지로 페터 베렌스 밑에서 일을 배운 뒤 자신의 건축 사무소를 개업했다. 호화로운 재료로 장식해 경쾌한 느낌을 주는 모더니즘 주택을 연이어 설계했다. 이 주택들이 성공하면서 1929년, 바르셀로나에서 열린 국제박람회 독일관의 설계를 의뢰받아 모더니즘의 절정을 이루는 건축물로 평가되는 걸작을 탄생시켰다.

재건축된 뒤 지금은 바르셀로나 전시관Barcelona Pavilion이라고 불리는 이 작품은 믿을 수 없을 정도로 단순해 보이는 건물이다. 대리석 평판과 희귀한 돌이 바닥부터 천장까지 이어진 유리벽과 교대로 배치되어 신비하고 호화로운 분위기를 만들어낸다. 공간은 내부와 외부의 경계가 모호하다. 그리고 대형 연못을 제외하면 조각상 하나, 지금은 상징적인 존재가 된 바르셀로나 의자Barcelona chair 몇 개가 전부일 정도로 최소한의 가구만 비치되어 있다.

미스는 다른 진보적인 문화 인사들과 마찬가지로 1937년에 나치 독일을 떠나 미국으로 건너가 시카고에서 여생을 보냈다. 이미 국제적으로 명성이 높았던 그는 지금의 일리노이 공과대학 건축과 주임교수로 임명되었다. 그는 대학 캠퍼스의 종합 건축 계획 수립과 크라운 홀Crown Hall(1950)을 포함한 일부 건물의 설계 의뢰를 받았다. 크라운 홀은 네 개의 대형 강철 대들보의 지지를 받아 아주 가볍게 서 있는 것처럼 보이는 신비로운 느낌을 주는 유리 건물이다. 그에게 큰 명성을 안겨준 구조적인 단순성과 명확한 표현이 전형적으로 구현된 작품이다.

바르셀로나 전시관의 세련된 설계 요소들을 별장에 적용시킨 판스워스 하우스Farnsworth House 역시 수수하고 단순하다. 일리노이주 플레이노의 한 부유한 고객이 의뢰하여 1945년에서 1951년까지 건축한 이 별장은 벽이 유리로 되어 있어 거의 완전히 투명하여 마치 초원 위에 떠 있는 것 같은 느낌을 준다. 이는 모더니즘의 표현형식을 극단적으로 추구한 새로운 개념의 건축물이었다. 독특한 설계 못지않게 고객과 건축가 사이에 벌어진 소송 사건으로도 유명하다.

1958년의 작품인 뉴욕의 시그램 빌딩Seagram Building은 미스의 후기 걸작으로, 매우 뛰어난 마천루 중 하나로 평가된다. 고가의 청동과 착색유리로 덮여 있으며 분수가 설치된 호화로운 자체 광장을 갖추고 있다. 믿을 수 없을 정도로 단순해 보이는 이 38층짜리 건물은 세련되고 섬세하지만 소란스러운 맨해튼의 다른 건물들 틈에서 고유의 정체성을 지키고 있다. 시그램 빌딩에서 볼 수 있는 꼼꼼한 자재 선택과 극단적으로 억제된 세부장식("적을수록 많다Less is more"라는 그의 유명한 말로 요약된다)은 그의 특징이며 향후 등장하는 미니멀리즘*의 중요한 선례가 되었다.

★ 미니멀리즘 Minimalism
되도록 소수의 단순한 요소를 이용하여 최대 효과를 이루려고 하는 예술 흐름

단순한 형태와 화려한 자재의 사용으로 이름난 바르셀로나 전시관(1929)

모더니즘 사회주택의 창시자
야코뷔스 요하네스 피테르 오우트

출생 | 1890년, 네덜란드 퓌르메렌트
의의 | 모더니즘 사회주택의 개척자
사망 | 1963년, 네덜란드 바세나르

Jacobus Johannes Pieter Oud

모더니즘 건축의 창시자 중 한 명으로 오랫동안 다양한 건축 작업에 참여했다. 초기에 설계한 영향력 있는 건물들로 널리 알려졌다. 특히 1920년대에 설계한 세 차례의 사회주택 사업은 유명하다.

초기 모더니즘

J. J. P. 오우트는 어렸을 때 화가가 되려 했으나 아버지의 고집으로 건축을 공부하게 되었다. 런던과 뮌헨에서 혁신적인 건축가 테오도어 피셔를 도우며 일을 배웠다. 미국의 건축가 루이스 설리번과 프랭크 로이드 라이트에게 큰 관심을 갖고 있었고 벨기에의 건축가 헨리 반 데 벨데와도 교류했다. 이들에게서 받은 다양한 영향과 접근 방식을 토대로 자신만의 고유한 기능적 양식을 발전시켰다. 초기에는 게리트 리트펠트와 함께 네덜란드 전위운동 데 스테일에 참여했으나 다른 이들과는 달리 데 스테일 운동에서 요구하는 제약을 작품에 엄격하게 적용하지는 않았다. 그러나 외관을 커다란 글자와 도형으로 처리한 로테르담의 카페 디 위니 Café De Unie (1925)에는 그의 데 스테일 미학이 분명히 드러난다.

1918년, 스물여덟의 젊은 나이에 로테르담 시 주택 담당 건축가로 임명된 그는 노동자 계층에 사회주택을 제공하는 대규모 사업에 참여했다. 그는 여기서 기능주의적인 설계 철학과 깔끔한 선으로 이루어진 모더니즘 건축 양식을 적용했다. 대표적인 예로 후크 반 홀란트 주택단지 Hook of Holland Estate (1927)와 키프후크 주택단지 Kiefhoek Housing Estate (1930)를 꼽을 수 있다. 이들은 흰색으로 칠한 유선형의 간결한 외형과 합리적인 공간 배치로 사회주택에 혁신을 불러일으켰다. 발코니가 있는 2층짜리 주택들로 이루어진 후크 반 홀란트 단지는 모더니즘의 원칙을 적용해 실실석이고 바람직한 사회주택을 지을 수 있다는 것을 입증했다. 오우트의 건축은 세계적인 인정을 받았다. 1927년, 미스 반 데어 로에는 독일 슈투트가르트에

오우트가 설계한 바이센호프 주택단지 Weissenhof Estate.
모더니즘의 특성이 최대한으로 구현된 사회주택이다.

야심차게 건설되는 사회주택 단지 설계에 그를 초청했다. 이는 독일 공작연맹이 개최한 전시회의 일부로서, 일반인의 삶을 향상시킬 수 있는 모범적인 설계를 보여주겠다는 목표로 여러 건축가가 참여해 스물한 채의 주택을 설계했다. 오우트는 주택 다섯 채의 테라스를 맡아 깔끔한 매력이 돋보이는 작품을 만들어냈다.

1933년에 시 주택 담당 건축가 자리를 그만두고 설계 사무소를 개업했다. 그는 미국의 건축가 필립 존슨 등 많은 세계적인 건축가들의 존경을 받았음에도 불구하고 주목할 만한 건물을 선보이지는 못했다. 존슨은 오우트에게 자신의 어머니가 살 주택을 설계해달라고 의뢰했다. 안타깝게도 이 일은 실현되지 못했다. 1938년, 오우트는 헤이그의 셸Shell 본사를 맡아 설계했지만 장식적인 양식을 구사하여 진보적인 건축가들을 크게 실망시켰다.

그는 초기에는 눈에 띄었으나 동시대 건축가인 르 코르뷔지에, 미스 반 데어 로에, 그로피우스만큼 풍요롭게 작품을 발전시키지 못했다. 그러나 그의 사회주택 계획은 새로운 표준을 만들었으며 그 영향은 1970년대 들어 전 세계의 사회주택 사업에서 분명하게 드러났다.

파시스트 이탈리아와
나치 독일의 건축

20세기 건축에서 압도적으로 많이 논의되는 것은 모더니즘과 모더니즘의 다양한 분파가 그린 궤적이다. 그러나 이탈리아의 무솔리니, 독일의 히틀러(러시아의 스탈린)가 집권한 전체주의 체제에서는 이와는 아주 다른 기념비적인 건축이 존재했다. 모더니즘에서 어느 정도 기술적인 요소를 빌려왔지만 그들은 그들 나름대로 새로운 종류의 형식적인 고전화를 추구했다.

히틀러가 화가 지망생이었으며 건축에 광적으로 관심을 보였다는 사실은 잘 알려져 있다. 히틀러는 자서전《나의 투쟁Mein Kampf》에서 그런 이야기를 자세히 다뤘다. 1933년 권력을 장악한 히틀러는 특히 19세기에 재현된 헬레니즘과 신고전주의 건축가 카를 프리드리히 싱켈에 고무되어 그리스의 이미지로 독일을 재탄생시키겠다는 열망을 품었다. 그는 모더니즘을 유대인이나 볼셰비키와 한통속인 것으로 보았다.

히틀러의 첫 건축 자문으로 임명된 파울 루트비히 트로스트는 도리스식 신전을 거창하고 근엄하게 재해석한 미술관 하우스 데르 쿤스트Haus Der Kunst(1934~1936)를 뮌헨에 건축했다. 엄격한 획일성과 함께 기둥을 반복적으로 사용한 외형은 국가사회주의를 선전하는 듯 보이며 악명 높은 제3제국의 웅장한 건물들의 전형이 되었다.

1934년에 트로스트가 사망한 후 뒤를 이은 알베르트 슈페어 또한 이러한 특징을 보여주었다. 그는 건축을 일종의 연극 배경으로 생각한 것으로 유명

> " 페리클레스 시대의 창조적 정신이 파르테논 신전에 구현되어 있다면, 볼셰비키 시대는 입체파의 찡그린 얼굴에서 분명하게 드러난다. "
>
> 아돌프 히틀러

하다. 마치 종교 집회와 같은 열기로 정치 집회가 열렸던 뉘른베르크 제펠린펠트Zeppelinfeld 경기장 설계에서 이러한 생각이 그대로 드러난다. 그는 히틀러의 고향 린츠의 대대적인 개조 계획을 세웠고, 1938년에는 히틀러의 새로운 본거지가 된 신황궁New Reich Chancellery을 설계했다. 대리석으로 치장한 엄청난 규모의 이 건물은 권력과 지배력을 의도적으로 표현해놓았다.

그의 '천년 제국'을 위한 원대한 계획에는 대리석과 같은 고급 자재를 주로 사용하는 기념비적인 건축물이 존재했다. 그의 악명 높은 유적 가치 이론ruin value theory에 따라 후손들에게 그들의 건물이 아름다운 유적으로 인식되도록 하기 위해서였다.

파시스트 이탈리아 역시 당시의 엄격한 신고전주의로 돌아섰다. 1935년, 로마 중심부에 불쑥 들어선 비토리오 에마누엘레 2세 기념관Vittorio Emanuele II Monument은 흰색의 대형 신전 같은 건물로 나치 독일의 건물들만큼이나 거만하고 답답해 보인다. 하지만 이보다 덜 과장되고 좀 더 단순화된 고전주의 형식도 등장했다. 그 예로 1942년 국제 전시회에서 조반니 구에리니, 에르네스토 라 파둘라, 마리오 로마노 3인이 파시스트 건축의 전형을 보여주고자 설계한 이탈리아 문명궁Palazzo della Civilttà Italiana(사각 콜로세움)을 들 수 있다. 트래버틴travertine이 덮인 율동적인 외관에는 고전적인 요소와 현대적인 요소가 결합되어 있으니 이후 포스트모더니즘을 예견하는 듯한 특징이 보인다.

조르조 데 키리코의 회화에서 볼 수 있는 초현실주의적인 특징을 지닌 정제된 고전주의는 주세페 테라니의 건축 작품에서 분명히 드러났다. 특히 널리 평가받는 코모Como의 파시스트 지역본부 파시스트의 집Case del Fascio이 대표적인 예이다.

기능주의적 모더니즘의 창시자
마르셀 브로이어

출생	1902년, 헝가리 페치
의의	기능주의적 모더니즘 건축가
사망	1981년, 미국 뉴욕 주 뉴욕

Marcel Breuer

국제주의 양식을 전형적으로 구사하여 꾸밈없고 세부 처리에 섬세하게 신경을 쓴 건물을 설계했다. 그로피우스, 미스 반 데어 로에와 함께 새로운 모더니즘 건축을 미국에 소개했다.

마르셀 브로이어는 바우하우스에서 초기 모더니즘의 혁신적인 특징들을 교육받았다. 졸업 후 여러 학문 분야가 서로 협력하는 바우하우스의 학풍에 맞추어 학생들에게 목공을 가르쳤다. 또 모더니즘의 상징인 강철 튜브를 이용한 가구를 고안했다. 가장 유명한 작품은 바우하우스의 동급생이자 러시아의 추상화가인 바실리 칸딘스키가 찬탄하여 '바실리Wassily'라는 이름이 붙은 의자이다.

브로이어가 설계한 건물에서도 이러한 공예 감각이 분명하게 드러났다. 브로이어는 기능성을 적극적으로 추구하고 세부 처리에 세심하게 신경 쓴 건물을 만들었다. 르 코르뷔지에로 대표되는 모더니즘의 한층 간결한 요소들과는 거리가 있었다. 브로이어는 자신의 건물에 대해 언급하며 "사람들은 기계보다 단순하고 소박하며 더 관대하고 인간적인 것을 누리려 한다"라고 말했다.

모더니즘에 대한 독일 국가사회주의자들(나치스)의 압력이 거세지자 옛 스승 그로피우스를 따라 런던을 거쳐 미국으로 갔다. 그곳에서 그로피우스와 함께 하버드대 강의를 하고 공동 개업했다. 1946년에는 뉴욕에 자신의 건축 사무소를 열었다.

브로이어가 미국에서 처음 의뢰받은 주문은 일련의 혁신적인 주거용 건물들이었다. 1940년에 설계한 목재 구조의 체임벌린 별장Chamberlain Cottage에서 드러나듯 그는 뉴잉글랜드 지역의 토착 건축 형식을 자신이 들여온 유럽의 하이 모더니즘High Modernism에 빠르게 흡수시켰다.

1953년, 파리 유네스코 본부 건물 설계를 의뢰받으며 그의 국제

맨해튼의 휘트니 미술관(1966)

초기 모더니즘

적인 입지가 다시금 확인되었다. 베르나르 제르퓌스, 피에르 루이지 네르비와 공동 설계한 이 빌딩은 다소 까다로운 부지에 들어서야 했다. 그리하여 해결책으로 나온 것이 구부러진 'Y'자 형태의 건물이었다. 이후 브로이어 건축의 한 특징이 된 구부러진 형태는 철근 콘크리트가 주는 느낌을 완화시켜주었다.

1961년에 완공된 세인트 존 교회 St John's Abbey Church는 콘크리트 건축에 조각을 접목하려는 그의 시도가 가장 복합적으로 표현된 작품이다. 본당에는 육중한 기둥과 벌집 모양의 벽이 교대로 사방을 두르고 있고, 독립적으로 서 있는 종탑은 철근콘크리트로 지어졌지만 특이하게도 납작한 형태이다.

모더니즘의 엄격성을 완화한 그의 자유로운 접근방식은 1966년에 완공된 맨해튼의 휘트니 미술관 Whitney Museum of American Art에서도 그대로 드러났다. 미술관의 외관은 육중한 느낌이 나는 화강암으로 덮여 있는데 불규칙한 모양의 창문이 나 있고 캔틸레버 방식을 적용해 점진적으로 돌출되어 있다. 이 미술관은 완공 후 논란이 끊이지 않았지만 지금은 브로이어의 건축물 중 가장 유명한 작품으로 꼽힌다.

브로이어가 건축계에 남긴 유산은 눈에 띄는 혁신적인 몇 개 건물이라기보다는 작품 전반에 나타난, 신중한 설계에서 드러나는 섬세한 세부 처리이다. 필립 존슨, 이오 밍 페이와 같은 미국 건축가들은 브로이어의 강의와 건축 방식에서 유럽의 모더니즘을 배워 미국적인 현대 건축을 창조했다.

영국 모더니즘의 기수
베르톨트 루베트킨

출생 | 1901년, 조지아(당시 러시아) 트빌리시
의의 | 영국에 모더니즘 건축을 도입하고 정착시킨 건축가
사망 | 1990년, 영국 브리스틀

Berthold Lubetkin

영향력 있는 건축 회사 텍톤 그룹의 창립자로, 영국에 모더니즘 건축을 도입했다. 구성주의*와 하이 모더니즘의 원칙을 결합한 건축 방식을 독특한 형태의 모더니즘으로 발전시켜 이후 수십 년 동안 이어진 영국 건축의 특징을 창조해냈다.

트빌리시에서 태어난 베르톨트 루베트킨은 모스크바에서 미술을 공부했다. 1917년에 일어난 러시아혁명을 직접 목격한 후 사회 정의에 대한 열정을 품게 되었는데 이는 평생 동안 그의 활동에 자극제 역할을 했다. 모스크바 시절, 사회 참여와 초현대적인 기계 미학을 결합한 나움 가보, 블라디미르 타틀린과 같은 구성주의자들의 급진적인 이론을 흡수했다. 그 후 파리로 가서 르 코르뷔지에를 만났고 오귀스트 페레 밑에서 모더니즘의 토대가 되는 새로운 콘크리트 건축 기법을 익혔다.

1930년, 루베트킨은 스탈린의 수중에 떨어진 러시아로 돌아가지 않고 영국으로 초청받아 갔다. 독일과 프랑스에서 1920년대는 현대 건축이 절정을 이룬 시기였지만 영국은 건축적으로 침체된 상태였다. 유럽 대륙의 급진적인 흐름에 거의 영향을 받지 않은 영국 건물은 주로 전통적인 방식에 따라 설계되었다. 모더니즘 건물은 건축 의뢰도 별로 들어오지 않았지만 설계상의 제약으로 건축 허가를 받기도 매우 어려웠다.

루베트킨은 런던에서 여섯 명의 영국 건축가와 공동으로 건축회사 텍톤을 설립했다. 덴마크의 유명한 구조공학자 오브 아럽과 손잡고 콘크리트 건축물을 설계하기 시작해 영국 건축에 혁신을 불러일으켰다. 우선 몇 군데 동물원을 설계하게 되었다. 그의 손꼽히는 작품이 된 런던 동물원의 펭귄 풀Penguin Pool(1933)도 그 중 하나이다. 두 개의 곡선 경사로가 서로 비켜 지나가는 이 놀라

★ **구성주의** Constructivism
러시아혁명을 전후하여 모스크바를 중심으로 일어나 서유럽으로 발전해나간 전위적인 추상예술 운동

운 건축물에는 신기술과 새로운 건축 요소가 뛰어난 솜씨로 구현되었다.

런던 북부 하이게이트의 주거용 건물 하이포인트 원Highpoint One은 1935년에 완공됐다. 이는 영국에서 르 코르뷔지에의 건축 방식을 최대한 철저하게 적용한 첫 건물이었다. 꾸밈없는 설계와 평평한 지붕, 그리고 트인 경관을 활용한 이 콘크리트 고층 빌딩에 대해 런던을 방문한 르 코르뷔지에도 찬사를 아끼지 않았다.

1938년에는 런던 북부의 좌파 지방정부 핀스버리 의회를 위한 헬스 센터를 설계했다. 이 건물에서 사용한 현대식 자재는 일반 런던 시민의 삶을 개선하려는 노력의 상징이 되었다. 일을 성공적으로 완수해낸 후 루베트킨은 그 지역의 재개발 계획도 맡았지만 제2차 세계대전이 일어나 중단되었다.

루베트킨의 새로운 건축 양식은 급진적인 정책을 추진했던 전후 노동당 정부와 잘 맞아떨어졌다. 1946년에는 조립식 콘크리트와 비용 대비 효과가 높은 건축 기법을 이용한 주요 공공주택 건설 계획들이 마련되었는데, 그 중 하나인 스파 그린 단지Spa Green Estate의 초석을 세운 사람은 국민의료보험NHS을 창설하고 현대식 복지국가로서 영국의 기틀을 다진 어나이린 베번 보건장관이었다. 하지만 설계상의 난관으로 불만이 높아진 루베트킨은 은퇴하여 시골 농장으로 내려갔다. 그러나 어찌되었든 그가 초기에 건축한 건물들은 영국의 전후 재건 활동의 특징이 된 독특한 모더니즘 형식이 뿌리내리는 데 기여했다.

런던 동물원의 펭귄 풀

포스트모더니즘의 개척자
필립 존슨

출생	1906년, 미국 오하이오 주 클리블랜드
의의	포스트모더니즘 건축을 선도한 절충적 모더니즘 건축가
사망	2005년, 미국 코네티컷 주 뉴캐넌

Philip Johnson

다양한 건축 양식을 보급한 절충적인 건축가이며
대표적인 20세기 미국 건축가로 꼽힌다.
1930년대 하이 모더니즘에서부터 1980년대
포스트모더니즘 시기까지 다양한 작품 활동을 펼치며
건축적 논쟁의 중심에 서온 인물이다.

초기 모더니즘

필립 존슨은 뒤늦게 건축에 입문했다. 43세가 되어서야 자신의 첫 번째 건물을 설계했다. 그 전에는 학자, 큐레이터, 건축 평론가로 활동했다. 1932년 뉴욕 현대미술관 전시회를 위해 펴낸《국제주의 양식International Style》은 프랑스와 독일의 진보적인 모더니즘 건축에 대해 전 세계에 걸쳐 애호가들을 끌어모으는 데 중요한 역할을 했다.

 석사 학위과정 중 설계된 존슨의 첫 번째 건물은 걸작으로 평가받았다. 1949년 뉴캐넌에 건축한 자택 글라스 하우스Glass House였다. 이 집은 미스 반 데어 로에에게서 얻은 아이디어를 이전에는 상상조차 할 수 없었던 정도까지 발전시켰다. 벽을 통해 바깥 경관을 볼 수 있는 이 투명한 건축물은 마치 얇은 판 위에 세워진 유리관 같았다.

 존슨은 미스를 존경하여 뉴욕의 시그램 빌딩을 설계할 때 이 독일인 거장을 돕기도 했다. 그러나 존슨의 탐구심과 지칠 줄 모르는 상상력은 유럽 모더니즘의 제약에 얽매이지 않았다. 존슨은 유럽 모더니즘이 지닌 좌파 성향의 정치적인 토대를 좋아하지 않았다. 실용적이지는 않지만 아름다운 글라스 하우스는 모더니즘에 대한 비판적인 충돌의 시작이었다. 존슨은 모더니즘에 대해 근본적으로 이론적 기초를 잃어버리고 형식적인 효과만 흉내 내는 합주단이라는 생각을 갖고 있었다. 미니멀리즘에서 포스트모더니즘에 이르기까지 현대 미국 건축에서 다양하고 새로운 형식을 창조하는 데 이용되고 있을 뿐이라고 판단했다.

 존슨이 가장 왕성하게 활동한 시기는 존 버기와 함께 일했던 1967년에서 1987년 사이이다. 주로 미국에 건축한 대형 건물들은 자신만만하고 절충적인 형태를 표현하여 후일 포스트모더니즘이라고 불리는 양식의 발전에 기여했다.

1984년에 완공된 AT&T 사옥(현재 소니 빌딩)은 장식적인 치펜데일*식 페디먼트로 모더니즘 건축가들을 격분시켰고 이후 가장 악명 높은 포스트모더니즘 건물 중 하나로 남게 되었다.

이보다 조금 앞서 설계한 캘리포니아 남부의 수정교회 Crystal Cathedral(1980)는 나름대로 하나의 지표가 된 건축물이다. 존슨은 2,700명의 신도를 수용할 수 있는 이 거대한 건물을 자신의 걸작으로 여겼다. 섬세한 강철 트러스*에 1만 개의 반사 판유리를 붙였고, 27.4미터 높이의 문 두 개를 전자작동시켜 적당한 순간에 햇빛과 바람이 들어오게 설계한 독특한 건물이었다.

존슨은 98세로 세상을 떠날 때까지(자신이 건축한 글라스 하우스에서 숨을 거뒀다) 쭉 논란의 대상이 되었다. 여러 건축 양식, 때로는 상충하는 양식까지 흡수하고 전파한 그는 많은 이들에게 문제 인물로 남아 있다. 어떤 이들은 존슨을 유행을 좇아 피상적인 건축물을 설계한 대표적인 건축가라고 평가하기도 한다. 그러나 현대의 미국 건축에서 존슨이 미친 영향은 부정할 수 없으며, 이런 사실은 존슨이 설계한 수많은 주요 건물들에서 그대로 입증된다.

★ **치펜데일** Chippendale
영국의 가구 디자이너 이름에서 나온 말로 곡선이 많은 장식적인 디자인을 가리킨다.

★ **트러스** truss
지붕, 교량 따위를 버티기 위해 떠받치는 구조물

뉴욕의 AT&T 빌딩(현재 소니 빌딩, 1984)

Part 4
Mid-century Modern
세기 중반의 모더니즘

현대 이탈리아식 설계의 수립자
지오 폰티

출생	1891년, 이탈리아 밀라노
의의	전후 이탈리아의 뛰어난 설계를 확립한 건축가
사망	1979년, 이탈리아 밀라노

Gio Ponti

이탈리아의 20세기 건축을 확립하는 데 중요한 역할을 한 인물이다. 건축, 산업디자인, 언론에 걸쳐 두루 능력을 발휘했다. 오랜 기간 왕성한 활동을 펼치며 다양한 표현 형식을 설계했고, 특히 전후 재건 시대에 특유의 이탈리아식 현대 건축을 발전시켰다.

밀라노 종합기술대학교에 다녔던 지오 폰티는 제1차 세계대전에 참전하기 위해 학업을 중단했다. 후에 여러 건축 사무소에서 일했으며 건축 작품 못지않게 잡지와 산업디자인으로도 이름을 날렸다. 특히 영향력 있는 설계 및 건축 잡지 《도무스Domus》를 공동 창간하여 오랫동안 편집자로 일했다.

제2차 세계대전이 끝난 후 수행한 몇 건의 주요 공사로 세계적인 건축가의 반열에 올랐다. 베네수엘라 카라카스에 건축한 빌라 플랑차르트Villa Planchart는 20세기의 가장 영향력 있는 개인주택 중 하나로 꼽힌다. 부유한 의뢰인을 위해 우아한 외관과 호화스러운 내부를 아름답게 통합하고 아주 작은 부분까지 꼼꼼하게 설계했다. 창문을 많이 낸 외관은 폰티 건축의 특징인 경쾌하고 섬세한 분위기를 그대로 전해준다.

1956년, 폰티의 대표적인 건축 성과로 남은 피렐리 타워Pirelli Tower의 공사가 시작됐다. 피에르 루이지 네르비, 알베르토 로셀리와 공동 설계한 유리로 덮인 이 32층 건물은 이탈리아의 한 타이어·플라스틱 제조업체를 위해 설계했다. 직설적인 미국의 마천루와 분명하게 구별되는 새롭고 우아한 접근방식을 제시하며 철골 구조 대신 철근콘크리트를 택했다. 외관도 상자 형태가 아니라 모퉁이를 모나게 처리하여 건물을 바라보는 각도에 따라 여러 모습으로 보이게 했다.

피렐리 타워는 2002년에 발생한 경비행기 충돌 사고에도 무사했다(지금은 지방정부 사무실이 입주해 있다). 이 사건이 널리 알려지며 건물에 대한 재평가가 이루어져 원래의 우아한 외관을 되살리기 위한 청소 작업이 시작됐다.

피렐리 타워가 평론계의 찬사를 받으면서 이라크(1985, 기획처), 미국(1971, 덴버 미술관) 등 전 세계에서 다양한 의뢰가 쏟아져 들어왔다. 그러나 그가 말년에 이탈리아에서 설계한 중요한 프로젝트는 주로 종교적인 건물이었다. 여기에는 밀라노의 성 프란체스코San Francesco(1964), 산 카를로San Carlo(1967) 교회와 외관의 줄 세공이 섬세한 이탈리아 남부 도시 타란토의 성당이 포함된다.

폰티의 산업디자인 작품은 건축보다 더 많은 영향을 미쳤을 것이다. 크롬 도금이 된 곡선 모양의 에스프레소 커피머신 라 파보니La Pavoni나 슈퍼레게라 의자Superleggera chair 등 폰티가 디자인한 물건들은 현대 이탈리아의 상징이 되었다. 그의 이러한 제품 디자인과 잡지 편집 활동은 이탈리아에서도 특히 밀라노가 디자인의 중심지가 되는 데 일조했다. 그것은 오늘날까지도 쭉 이어지고 있다.

이탈리아에 처음 세워진 마천루 피렐리 타워(1956~1960).
지금은 밀라노의 상징이 되었다.

스칸디나비아 모더니즘의 창시자
알바 알토

출생 | 1898년, 핀란드 쿠오르타네
의의 | 스칸디나비아 모더니즘의 개척자
사망 | 1976년, 핀란드 헬싱키

Alvar Aalto

세계 모더니즘의 주요 인물 가운데 하나이며
스칸디나비아 특유의 현대 건축을 확립한 건축가 세대 중
가장 영향력이 큰 사람이다. 지역의 전통적 요소와 자재,
특히 목재를 세계 건축의 최신 기술 발전과 융합하여
참신하고 지속력 있는 결과를 이룬 설계로 유명하다.

알바 알토는 운 좋게도 1917년, 핀란드가 러시아로부터 독립한 후 활발한 재건이 이루어질 무렵 건축가로 일하기 시작했다. 그는 자기를 잘 드러내는 사람이었지만 그의 디자인에는 스칸디나비아 특유의 절제미가 구현되어 있다. 자연과 연결되고 융합하려는 소망을 표현한 알토의 설계는 독일과 프랑스의 주요 건축가들이 지지하던 기계적인 미학을 대신했다. 그는 단순성, 사용자의 행복, 그리고 무엇보다 자연과의 조화를 우선했다. 이는 그의 작품에 찬사를 보낸 많은 건축가들 중에서도 특히 프랭크 로이드 라이트와 뜻을 같이한 부분이다.

오랜 기간 왕성하게 활동했지만 초기에 건축한 건물들이 더욱 높은 평가를 받았다. 파이미오 요양소Paimio Sanitorium는 국제주의 양식으로 지어진 훌륭한 건축물로, 사용자의 요구를 대폭 수용하면서도 형식적인 완벽성과 흠잡을 데 없는 세부 장식을 구현해냈다. 숲 한복판에 세워진 이 건물은 공간과 커다란 창문을 섬세하면서도 합리적으로 활용했는데 이러한 특징은 20세기의 병원 건물에서 많이 모방되었다.

또 하나의 뛰어난 작품 비푸리 도서관Viipuri Library(1933~1935)에서 알토는 인본주의적인 요소를 더욱 발전시켰다. 이 건물의 가장 중요한 특징은 목재로 이루어진 물결 모양의 반자*이다. 반자는 음향효과를 위해 고안된 것이지만 유기적이고 아늑하며 인간적인 분위기를 자아내기도 한다. 나무를 구부려 만든 유명한 다리 세 개짜리 의

★ 반자 suspended ceiling
슬래브나 지붕틀과 같은 건물의 상부 구조 밑으로 매단 비구조적인 천장

지 역시 이런 공간을 위해 디자인한 것이다.

그러나 초기 작업 중에서 가장 대표적인 건물은 뭐니 뭐니 해도 빌라 마이레아Villa Mairea(1937~1939)일 것이다. 나무 기둥과 벽이 예리한 흰색 벽돌벽 및 석조 부분과 통합되어 자연환경과 매끄럽게 연결된 이 건물은 비형식적이지만 소박한 미학으로 북유럽식 설계의 상징이 되었다.

후기 작품 중에서도 세이낫셀로 시청사 Säynatsälo Town Hall(1952) 같은 일부 건물이 커다란 영향력을 발휘했다. 모더니즘의 형상을 표현하기 위해 사용한 노출 벽돌은 콘크리트의 대안을 찾던 이후 세대 건축가들에게 인기를 끌었다.

1935년에 그는 가구 회사 아르텍을 공동 설립했다. 이 회사는 지금도 알토가 디자인한 스칸디나비아식 모더니즘 제품들을 판매하고 있다. 그가 직접 디자인한 많은 제품들 중 유리로 만든 물결모양의 화병 사보이Savoy 같은 것들은 연거푸 놀라운 성공을 거두었다. 알토는 이러한 작은 물건들의 디자인으로 더 잘 알려져 있지만 그의 건축물 역시 동료 건축가들에게 항상 높은 평가를 받았다. 최근 들어서도 건축가들 사이에서 알토의 작품에 대한 관심이 되살아나고 있다. 친환경적인 접근방식을 개발하고자 시도하고 있는 반 시게루도 이 대열에 합류한 건축가이다.

자기 타일이 덮인 세이나요키 시청사(1962~1966)

SOCIAL HOUSING
사회주택

산업혁명이 낳은 극심한 불평등은 사회주의를 등장시켰다. 빈곤층과 사회적 약자들을 위한 사회주택 공급은 중요한 정치적 관심사로 떠올랐다. 지방정부나 일부 깨인 의식을 가진 고용주들이 제공한 사회주택은 새로운 형태의 공동주택이었다.

영국과 네덜란드의 초기 사회주택은 미술공예운동의 미학에서 많은 영향을 받았지만 곧 초기 모더니즘 개척자들의 관심을 집중시켰다. 모더니스트들은 혁신적인 기술, 합리적인 설계 방식, 새로운 형태를 적용한 건축이 사회 개조에 기여하리라 믿었다. 1927년에 독일공작연맹이 준비하고 미스 반 데어 로에가 감독한 슈투트가르트 바이센호프 주택단지에서 이러한 관심은 정점을 이뤘다. 유명 건축가들이 참여하여 모더니즘 양식의 사회주택 설계 모델 스물한 개를 선보였는데 참가한 건축가 중에는 오우트와 르 코르뷔지에도 있었다. 이들의 사회주택 설계는 모더니즘 형성에 핵심적인 역할을 했다.

같은 해 빈에서 사회주택의 또 다른 이정표가 된 공사가 시작됐다. 카를 엔(아돌프 로스와 함께 공부했다)이 설계한 카를 마르크스 호프Karl Marx Hof인데, 1,400여 가구로 이루어진 전체 길이가 무려 1킬로미터에 이르는 공동주택이었다. 대부분의 가구에 발코니가 설치되었고 거대한 규모가 주는 위압감을 누그러뜨리기 위해 아치와 두 가지 색조, 구름다리와 같은 형태를 채택했다. 이 건물은 모더니즘의 형식적인 순수성보다 런던의 사회주의 주택 계획에서 영감을 얻었다. 많은 사람이 모여 사는 고밀도 주택에 대한 혁신적인 접근방

> **" 보통 사람들에게 과분한 것이란 존재하지 않는다. "**
> 베르톨트 루베트킨

식을 보여주며 20세기의 가장 중요하고 영향력 있는 건물 중 하나가 되었다.

그러나 전후의 사회주택을 지배한 것은 모더니즘적인 전통이었다. 특히 1953년, 르 코르뷔지에가 획기적으로 설계한 위니테 다비타시옹에 제시된 모더니즘 건축 방식이 주를 이루었다. 이는 규격화된 주거공간을 제공하고 다양한 사회시설을 갖춘 고층 건물의 모델이 되었다. 적은 비용으로 주택 문제를 해결할 수 있는 방법으로 널리 도입되었지만, 종종 부실한 싸구려 주택을 양산하기도 했다.

전후에 모더니즘 양식을 이용해 건축된 주거 단지는 1970년대 들어 인기가 떨어졌다. 처음 의도와 달리 사회악을 해결하기보다는 오히려 유발한다는 비난을 받았던 것이다. 이때 많은 사회주택이 헐렸다. 야마사키 미노루가 설계하고 한때 대표적인 저비용 주택 사업으로 평가됐던 세인트루이스의 주택 단지 프루이트 이고Pruitt-Igoe(1955)도 1972년에 해체됐다. 이 일은 종종 모더니즘의 종말을 알리는 상징적인 사건으로 설명되기도 한다.

1970년대의 모더니즘 해체는 서구 사회에서 사회주의가 주요한 정치 세력에서 물러난 것과 맥을 같이한다. 대처 수상과 레이건 대통령이 추진한 반反복지국가 정책으로 사회주택 문제는 주요 의제에서 밀려났고 당시 진행된 공사들은 전통적인 개별 가구 주택에 초점을 맞추었다.

한때는 유명한 건축가들이 광범위한 대중의 요구에 맞는 해결책을 제시하는 것을 임무로 여겼으나, 지금의 건축가들은 상징적인 문화적 기념비나 혹은 부자들을 위한 세상에 하나밖에 없는 호화주택을 짓는 데 몰두한다. 사회주택은 이제 이름 없는 전문 건축가들의 몫이 되었다. 현재 사회주택에 계속하여 관심을 보이고 있는 세계적인 건축 회사로는 덴마크의 혁신적인 건축업체 비야케 잉겔스 그룹BIG 정도를 들 수 있다.

전후 덴마크의 모더니즘을 발전시킨 건축가
아르네 야콥센

출생 | 1902년, 덴마크 코펜하겐
의의 | 덴마크 고유의 모더니즘 형식을 개발한 건축가
사망 | 1971년, 덴마크 코펜하겐

Arne Jacobsen

덴마크의 실력 있는 건축가이자 디자이너이다. 지역에 맞게 변형된 보다 신중한 형태의 전후 모더니즘 양식을 구사했다. 일련의 고전주의적인 현대 가구 디자인과 건축물로 널리 알려졌다.

아르네 야콥센은 동시대의 뛰어난 핀란드 건축가 알바 알토와 마찬가지로 국제주의 양식의 혁신적인 특징들을 특히 스웨덴의 건축가 에리크 군나르 아스플룬드의 전통적인 설계와 결합하여 북유럽 특유의 설계 방식을 만들어냈다.

클람펜보르 지역의 공공건물 벨라비스타 주택 단지Bellavista Housing Estate(1931~1934)와 같은 초기 작품에는 모더니즘의 핵심적인 교리들이 능숙한 솜씨로 구현되어 있다. 그러나 아직 그만의 독특한 개성은 엿보이지 않았다. 알토와는 대조적으로 야콥센의 대표적인 작품은 대개 전후에 등장했다. 이들 작품은 1950년대와 1960년대 제3세대 모더니즘의 전형적인 건축물로 평가되는데, 덜 간결하고 보다 장식적이며 지역적인 특색이 두드러진다.

제2차 세계대전이 끝난 후 덴마크로 돌아온 야콥센(유대계였기 때문에 몸을 피해야 했다)은 1947년에 믿을 수 없을 정도로 단순해 보이지만 커다란 호응을 얻은 벽돌 주택을 지었다. 이 주택은 웅장하고 화려한 인상을 주지 않는다. 굉장히 섬세한 세부 표현과 단순하고 절제된 형태에 중점을 둔 건물이다. 이는 훗날 1960년대와 1970년대에 북유럽에서 크게 인기를 끈 현대식 교외주택 양식의 출발점이 되었다. 벽돌을 감각 있게 사용한 점도 야콥센 건축의 인기 있는 특징이었다.

세부 표현에 관심이 많았던 야콥센은 가구 디자인에 열정을 쏟았다. 여기에는 미국의 부부 디자이너 찰스 임즈와 레이 임즈의 영향도 있었다. 코펜하겐의 SAS 로열 호텔SAS Royal Hotel(1957)은 총체적인 환경을 창조해내는 야콥센의 역량을 한껏 과시한 이상적인 도약대였다. 야콥센은 이 호텔의 손잡이까지 디자인한 것으로 유명하다. 유달리 섬세한 유리 외관을 갖춘 SAS 로열 호텔은 상업적인 형태의 마천루에 호텔이라는 새로운 용도가 한결 가벼운 느낌으로 결합되어 있다. 호텔 로비에는 지금은 하나의 상징이 된 달걀 의자와 백조 의자를 디자인하여 비치했다.

옥스퍼드에 있는 세인트 캐서린 칼리지 St Catherine's College(1963)는 세부적인 것에 더 강박적으로 신경 쓴 건축물이다. 야콥센은 이 신설 대학의 정원에서부터 전등갓에 이르기까지 모든 요소를 자신이 설계하겠다는 내용을 계약서에 꼭 넣어야 한다고 주장했다. 세인트 캐서린 칼리지의 건물은 신축 당시와 크게 바뀌지 않은 상태로 남아 있는데, 지금은 현대식 건축 형태와 정원 분위기를 감각적으로 통합한 훌륭한 사례로 평가된다.

야콥센이 설계한 건물들은 형식의 우수성과 더불어 경쾌한 느낌과 세련되고 정제된 형태가 특징이다. 이는 그의 가구들 못지않게 중요하고도 아름다운 작품들이나 전후 모더니즘의 상징이 된 개미 의자와 달걀 의자의 성공에 가려진 면이 있다.

"
근본적인 인자(因子)는 비율이다.
"

옥스퍼드의 세인트 캐서린 칼리지(1963).
야콥센은 건물의 실내장식까지 직접 디자인했다.

브라질의 모더니즘 건축가
오스카르 니에메예르

출생 | 1907년, 브라질 리우데자네이루
의의 | 독특하며 곡선미가 넘치는 브라질식 모더니즘을 개발한 건축가

Oscar Niemeyer

전 세계로 번져나간 모더니즘과 르 코르뷔지에가 제시한 아이디어들을 매우 개성적이고 당당하게 받아들인 건축가이다. 왕성한 작품 활동을 펼쳤으며 철근콘크리트를 사용해 다양한 형태를 탄생시킬 수 있는 가능성을 개척했다. 20세기의 가장 이국적인 건물을 상당수 설계했다.

1936년, 르 코르뷔지에가 보건교육부 청사 설계 의뢰를 받고 브라질을 방문했다. 독창적인 덧문이 달린 이 콘크리트 건물 설계에 참여한 이들 중에는 브라질의 건축가 오스카르 니에메예르도 있었다.

니에메예르는 유럽의 모더니즘에서 자신이 원하는 부분을 받아들였지만 바로크 건축이 남긴 관능적인 특징에서도 영향을 받아 독특하고 새로운 모더니즘 표현방식을 만들어냈다. 그는 유럽인들이 우선순위를 두었던 기능적인 측면보다는 감각적이고 감정적인 부분에 초점을 맞췄다. 모더니즘 건축은 직각과 정육면체를 뚜렷한 특징으로 하지만, 니에메예르는 철근콘크리트를 사용하여 곡선미가 있는 극적인 형태를 창조할 가능성을 발견했다. 르 코르뷔지에는 니에메예르에게 "당신의 눈에는 늘 리우의 산들이 가득 들어 있습니다"라고 말했다고 전해진다.

이러한 독특한 건축 형태는 니에메예르가 처음 맡은 주요 건물인 브라질 팜풀라의 성 프란치스 성당Church of St Francis에 분명히 나타난다. 굽이치는 둥근 콘크리트 천장은 자연스러워 보이지만 복잡한 구조 계산에 따라 설계된 것이다. 이후 뉴욕에 있는 국제연합 건물(1947) 설계에 르 코르뷔지에와 함께 참여해달라는 초청을 받으면서 그의 국제적인 명성이 확인되었다.

고국에서 그는 새로운 수도 브라질리아를 건설하는 계획에 참여했다. 이는 백지 상태에서 도시를 건설하는 대담한 계획이었다. 절친한 사이였던 루시우 코스타가 거대한 도시의 설계를 맡았고, 주요 건물은 니에메예르의 극적이고도 웅장한 양식으로 건축되었다. 의

회 건물에서는 기본적인 형태를 거대한 규모로 만들어 인상적인 효과를 자아냈고, 대통령궁에서는 독특하고 육감적인 느낌을 주는 거꾸로 선 아치를 형상화했다.

브라질리아는 규모 면에서 다른 모든 모더니즘 건축 프로젝트를 능가하는 것으로, 그 이전에 유토피아를 지향한 스케치로만 존재했던 개념들을 현실로 바꾸어놓았다. 브라질리아는 훗날 모더니즘의 오만함과 실패의 상징으로 평가되었지만, 이 도시의 거대한 건축적인 역동성과 참신한 경관은 다시금 유행을 일으키기도 했다.

평생 공산주의자로 살았던 니에메예르는 브라질에 파시스트 독재정권이 들어서자 1964년에 해외로 망명했다. 그리고 20년 후 민주주의 정부가 들어섰을 때 다시 고국으로 돌아왔다. 후기 작품 중 가장 눈에 띄는 것은 리우의 언덕 위에 UFO처럼 앉아 있는 니테로이 현대미술관Niterói Contemporary Art Museum(1996)이다. 니에메예르는 라틴아메리카에 모더니즘을 도입하여 그 후 10년, 20년 후에도 이 지역의 지배적인 양식이 되게끔 만든 건축가이다. 추앙을 받는 만큼 거센 비난도 받은 그는 모더니즘의 보다 경쾌한 측면을 개척했다고 할 수 있다.

니에메예르가 설계한 브라질리아 대성당Cathedral of Our Lady, Brasilia은 거대한 가시 면류관 모양이다.

전후 일본의 상징적인 건축가
단게 겐조

출생	1913년, 일본 이마바리
의의	전후 일본에서 가장 상징적인 건물을 설계한 건축가
사망	2005년, 일본 도쿄

丹下健三

20세기 후반의 뛰어난 건축가로, 르 코르뷔지에에게 배운 요소들을 일본의 전통적인 감성과 결합하여 지역에 맞게 변형된 새롭고 섬세한 모더니즘을 발전시켰다. 뛰어난 아름다움으로 자주 칭송받는 그의 건축물들은 전후 일본의 새로운 얼굴로서 중요한 역할을 했다.

세기 중반의 모더니즘

단게 겐조는 르 코르뷔지에가 총애하는 제자였던 마에카와 구니오의 건축 사무소에서 일하면서 르 코르뷔지에에 대한 존경심을 키웠다. 그는 훗날 단게 실험실Tange Laboratory을 세웠는데 여기에 참여했던 많은 학생들이 훗날 명성을 얻어 도쿄 대학교 교수 등으로 활발한 활동을 했다. 1949년, 그는 일본뿐 아니라 세계적으로 매우 중요한 상징적 의미를 띠는 히로시마 평화기념관Hiroshima Peace Memorial의 설계 의뢰를 받았다. 그는 르 코르뷔지에의 정통적인 방식인 직선 형태와 필로티*, 콘크리트를 섬세하고 세련되게 표현하여 일본적인 특성이 분명하게 묻어나는 절제된 느낌의 건물로 완성했다.

그는 전통과 현대를 조화하는 어려움에 관해 토로한 적이 있지만, 신구의 조화를 훌륭하게 구사한 건물을 다수 설계해냈다. 그는 자신의 설계 철학이 정체되어서는 안 되며 작업을 할 때마다 점점 발전해야 한다고 생각했다.

건축가로서 도시계획에 관심이 많던 그는 1960년에 《도쿄 도시계획A Plan for Tokyo》을 발간했다. 단게는 도쿄 만 바다에 기둥을 세우고 그 위에 2만 5천 가구가 거주하는 모듈식 건물을 짓는 메타볼리즘* 계획을 제안했다. 이 거창한 계획은 실현되지 않았지만 20세기에 등장한 도시계획 설계 중 가장 선구적이라 평가되며 많은 연구가 뒤따랐다.

이 계획의 모듈식 설계 철학은 1967년 고후

★ 필로티 piloti
건물을 지면보다 높이 받치는 기둥

★ 메타볼리즘 Metabolism
유기체가 생장하는 것처럼 점진적으로 변화를 계속해가는 건축을 추구한 건축 운동. 원어는 '물질대사'라는 의미이다.

시에 들어선 야마나시 언론·방송 센터Yamanashi Press and Broadcast Centre 설계에 영향을 미쳤다. 이 건물의 사무용 공간은 연속적으로 서 있는 둥근 탑 기둥 사이에 교체 가능한 블록을 끼워 넣은 것처럼 보인다.

단게가 설계한 작품 중 가장 사랑받는 세인트 메리 성당St Mary's Cathedral과 1964년 도쿄 올림픽 경기장은 앞서 언급한 건물들과는 완전히 성격이 다르다. 높이 솟아오른 세인트 메리 성당의 콘크리트 벽은 십자가 형상을 이루고 있으며, 성당 전체에서 모더니즘의 시각으로 전통 건축을 해석하려 한 단게의 소망이 충실하게 구현되어 있다. 2005년, 단게가 91세로 세상을 떠났을 때 이 성당에서 장례식을 거행했다.

1964년 올림픽을 개최하기 위해 만든 도쿄 올림픽 경기장을 설계하면서 그는 성장하는 일본의 산업 역량을 분명히 표현해내면서도 세련되고 섬세한 감각을 유지하려 했다. 중앙 탑에서 나선형처럼 내려오는 강철 지붕은 단게의 작품을 '구조적 표현주의'로 평가하는 시각을 뒷받침해준다. 이 건물의 역동적인 형상은 전 세계 수백만 사람들의 찬탄을 자아내며 그의 세계적인 위치를 확고히했다.

80대 후반까지 일을 계속한 단게는 현대 일본의 상징적인 인물이자 오늘날 일본 건축의 기초를 확립한 건축가로서 현재까지도 최고의 존경을 받고 있다.

단게가 설계한 도쿄의 세인트 메리 성당(1963).
뛰어난 고딕 양식 성당에서 영감을 끌어내 전통적인 형식을
모더니즘의 시각으로 해석했다.

미국의 모더니즘을 주류 양식으로 대중화한 건축가
에로 사리넨

출생 | 1910년, 핀란드 키르크코누미
의의 | 절충적이고 조각 같은 형태의 미국 주요 건물들을 설계한 건축가
사망 | 1961년, 미국 미시간 주 앤아버

Eero Saarinen

핀란드에서 태어나 미국에서 활동했으며 건축 못지않게 가구 디자인으로도 유명하다. 모더니즘을 전후 미국 낙관주의의 특징이 된 다양한 방식으로 발전시켜 대중화에 기여했고, 모더니즘이 미국식 설계의 주류로 자리 잡는 데 큰 몫을 했다.

세기 중반의 모더니즘

에로 사리넨은 건축가 집안에서 태어났다. 아버지 엘리엘 사리넨은 헬싱키 철도역(1914) 등을 설계한 유명 건축가였다. 1923년, 사리넨의 가족은 미국으로 이주했다. 사리넨은 건축 공부를 시작했고 1940년에 미국 국적을 취득했다. 학창시절에 그는 찰스 임즈와 레이 임즈를 포함한 20세기 중반의 주요 모더니즘 건축가들과 가까이 지냈다.

그는 아버지의 설계 사무소에서 일하는 동안 독단적인 방식에만 집착하거나 자신의 개성을 표현하는 일관된 방법을 개발하지 않고 아버지와 마찬가지로 의뢰받은 건물의 성격에 맞추어 서로 다른 건축적 표현 형식을 다양하게 변용하는 실용적인 능력을 발전시켰다.

강철과 유리를 쓴 디트로이트의 제너럴모터스 기술센터General Motors Technical Center(1951)는 뛰어난 평가를 받은 기업 건물이다. 이 건물의 순수성과 세련된 세부표현은 미스 반 데어 로에의 선례가 없었다면 탄생할 수 없었을 것이다. 또한 조각과 같은 느낌을 주는 알루미늄 입힌 돔과 급수탑은 사리넨 건축의 미래를 암시해준다.

그러나 특색 없는 완벽함을 구현한 제너럴모터스 기술센터는 사리넨의 대표적인 건물이라고 할 수는 없다. 1956년에 착공하여 1961년에 완공한 뉴욕의 존 에프 케네디 국제공항 TWA 터미널은 마치 콘크리트가 아닌 플라스티신plasticine을 사용한 것처럼 보일 정도로 곡선적인 형태를 관능적이고 표현주의적으로 구현해냈다.

TWA 터미널은 1950년대 후반 미국 소비재와 자동차들에서 흔히 볼 수 있었던 화려하고 초현대적인 형태가 건축에서 구현된 사례였다. 버지니아 주의 워싱턴 덜레스 국제공항Washington Dulles International Airport(1958)의 급격하게 하강하는 선들처럼 TWA 터미널에도 비행의 매력이 압축되어 있다. 하지만 평론가들은 이들 공항의 거리낌 없는 표현과 태평스러워 보이는 자유분방함에 당황했다. 특히 사리넨의 이전 작품들과 너무 달라 더욱 충격을 받았다.

공항 건물에 나타난 표현주의적인 성향은 사리넨 사후 1965년에 완공된 상징적인 건축물 게이트웨이 아치Gateway Arch에서 절정에 달했다. 미국의 서부 개척을 경축하기 위해 세인트루이스에 건립된 이 건축물은 도시 주변에서 다각도로 바라본 시선을 영리하게 고려한 단순하지만 거대한(192미터) 아치형 조형물이다.

사리넨은 건물 못지않게 유기적인 가구 디자인으로도 잘 알려져 있다. 그 중에서 가구 회사 놀을 위해 디자인한 튤립 의자와 테이블이 유명하다. 가구 디자인의 감수성은 건축 작업으로 옮겨졌고, 특히 설계 과정에서 대규모 설계 모형을 제작하는 것을 좋아했다.

사리넨이 심장마비로 일찍 세상을 떠나 미국은 가장 창조적인 건축가 한 사람을 잃게 되었다. 사망 당시 사리넨의 제도판에 남아 있던 주요 공사 아홉 건은 그의 사후에 완공되었다.

> **66**
>
> 우리는 사람들이 건물을 지나갈 때
> 완벽하게 설계된 주위환경을 경험하기를 원한다.
>
> **99**

뉴욕 존 에프 케네디 국제공항 TWA 터미널

시드니 오페라하우스 설계자
요른 오베리 웃존

출생 | 1918년, 덴마크 코펜하겐
의의 | 오스트레일리아의 상징적인 건축물인 시드니 오페라하우스의 설계자
사망 | 2008년, 에스파냐 마요르카

Jørn Oberg Utzon

시드니 오페라하우스를 설계한 덴마크의 이 건축가만큼
건축물 하나로 이름이 떠오르는 사람도 드물 것이다.
전 세계가 인정하는 20세기의 중요한 기념비인
시드니 오페라하우스는 건축가가 살아 있는 동안
세계문화유산으로 지정된 유일한 건축물이기도 하다.

요른 오베리 웃존은 스칸디나비아의 중요한 모더니즘 건축가인 알바 알토, 에리크 군나르 아스플룬드와 함께 공부했다. 그는 하이 모더니즘의 대표적인 건축가들과 프랭크 로이드 라이트의 작품에 흥미를 느꼈다. 또 자신의 건축에 보다 폭넓은 표현 형식을 더해준 중국, 마야, 이슬람과 같은 다른 문명권의 건축물에도 깊은 존중을 표했다.

웃존은 대중에게도 인기 있는 독특한 건축 형태를 창조한 재능 있는 건축가였다. 그는 건축 기술의 발전을 기반으로 콘크리트를 매우 자유롭게 사용하여 복잡한 형태와 곡선을 만들어냈다. 또한 모더니즘 건축의 중요한 특징인 평평한 지붕이 아닌 경사진 지붕을 선호했으며 때로는 매우 급격한 경사로 설계하기도 했다. 이는 그의 대표작인 시드니 오페라하우스의 특징이기도 하다.

그는 크게 알려지지 않은 건축가였으나 시드니 오페라하우스 국제 공모에 출품한 설계가 심사위원이었던 핀란드 건축가 에로 사리넨의 눈에 띄며 유명해졌다. 사리넨은 웃존을 강력하게 추천했다. 시드니 오페라하우스는 오늘날 세계에서 가장 유명한 건물 중 하나로 꼽히고 현대 오스트레일리아의 상징이 되었지만, 건축 과정에서는 많은 논란을 빚었으며 우여곡절도 많았다. 그리하여 1959년에 시작된 공사는 1973년까지 계속됐다.

우선 새의 날개에서 영감을 얻어 설계한 60미터에 이르는 거대한 콘크리트 지붕이 구조공학 기술의 한계에 부딪혔다. 20세기의 가장 유명한 구조공학자 중 하나인 같은 덴마크 출신 오브 아럽과 심각한 논쟁이 벌어졌다. 건축적인 난관과 비용 문제로 정치인들에게까지 외면당하며 급기야 웃존은 자신이 설계한 공사에서 해고되고 말았다. 그는 오페라하우스의 개관식에도 참석하지 않았고 완공된 건축물을 보지 않은 채 눈을 감았다. 자신의 성과로 세계적인 유명 도시가 된 시드니는 그를 푸대접했지만 전 세계의 건축가와 비평가들은 시드니 오페라하우스의 독창성에 크게 놀라 중요한 건축 계획에서 그를 찾기 시작했다.

가장 주목할 만한 것은 코펜하겐 인근의 유리 지붕이 정교하게 덮인 박스붸어드 교회Bagsværd Church와 쿠웨이트 국회의사당에 들어선 차양처럼 생긴 건축물이다. 베두인족 천막의 굽이치는 천을 모방한 것으로 보이는 이 건축물은 콘크리트로 지어졌지만 개방적인 형태여서 부드러운 느낌을 자아낸다.

그러나 웃존의 모든 작품 중 단연 돋보이는 것은 역시 시드니 오페라하우스이다. 시드니 오페라하우스는 현대 오스트레일리아에 대한 세계의 인식을 바꾸어놓았고, 건축계의 방향도 모더니즘의 순수주의 원칙보다 상징적인 건축물 개발 경쟁을 우선시하는 쪽으로 틀어놓았다.

2007년에 세계문화유산으로 지정된 시드니 오페라하우스(1973)

미 서부 해안 하이 모더니즘 건축의 창조자
리하르트 노이트라

출생 | 1892년, 오스트리아 빈
의의 | 20세기 중반에 캘리포니아의 특징이 된 모더니즘 건물을 설계한 건축가
사망 | 1970년, 독일 부퍼탈

Richard Neutra

캘리포니아에 하이 모더니즘을 도입한 건축가이다. 미 서부 해안의 기후와 생활 방식에 맞게 모더니즘을 변형했다. 외부 경관과 깔끔한 내부를 통합한 우아하고 바람이 잘 통하는 주택을 설계했는데 대개 유명 인사들의 주택이었으며 이러한 건물은 20세기 중반 캘리포니아의 특징적인 매력이 되었다.

세기 중반의 모더니즘

중부 유럽의 창의적이고 혁신적인 인물들이 대대적으로 미국으로 건너갈 때 리하르트 노이트라도 그 대열에 섞여 있었다. 노이트라에게 건축을 가르친 사람들을 보면 20세기의 가장 유명한 건축가들의 출석을 부르는 것 같은 느낌이 든다. 그는 오토 바그너, 아돌프 로스, 에리히 멘델존, 프랭크 로이드 라이트의 건축 사무소에서 일했다. 유럽에서 건너온 많은 건축가가 미국의 동부 해안 쪽에 정착했던 반면 노이트라는 로스앤젤레스로 갔다. 오스트리아에서 이민 온 동료 건축가 루돌프 신들러가 함께 일하자고 요청했기 때문이다.

이후 노이트라는 자신의 설계 사무소를 열고 주택 건축을 전문으로 하여 활동을 전개했다. 평평한 지붕, 커튼 월과 함께 국제주의 양식의 기하학적이고 직선적인 표현 방식을 도입했으며 일부 변형하기도 했다. 그리하여 대개 엄청난 부자인 고객들의 요구에 부응하면서 주위 풍경과 조화를 이루는 건물들을 설계했다. 노이트라 스타일의 특징인 깔끔하고 '깨끗한' 선과 넓은 유리벽은 초기 작품 중 호평을 가장 많이 받은 로벨 저택Lovell House(1929)에도 그대로 적용되어 있다. 로벨 저택은 철골 구조와 뿜칠 콘크리트 같은 상업용 건축 공법을 주택에 도입한 점에서 건축사적으로도 그 중요성이 크다.

20세기의 뛰어난 주요 주택 설계 중 하나로 평가받는 카우프만 하우스Kaufman House(1946)는 선견지명이 있는 재벌 에리히 카우프만이 의뢰하였다. 카우프만은 10년 전에 20세기의 또 다른 중요한 주택으로 꼽히는 프랭크 로이드 라이트의 낙수장을 주문한 바 있다. 노이트라는 라이트와 마찬가지로 주변 환경과 조화를 이루는 설

게를 이뤄냈다. 이번에는 펜실베이니아의 숲이 아니라 팜 스프링스의 사막이었다. 노이트라는

★ **파티오** patio
보통 집 뒤쪽에 만드는 테라스

단순하고 낮은 건물에 수영장과 주변의 사막 풍경에 어우러지도록 파티오*로 나가는 유리벽을 채택했다. 그리하여 인상적인 중용의 질서가 흐르는 호화롭고 매력적인 주택으로 탄생시켰다.

  최근 들어 20세기 중반에 성행했던 모더니즘에 주목하며 노이트라 건축에 대한 관심이 되살아나고 있다. 이에 따라 구식 건물이 세련된 건축물로 많이 개조되었다. 경쾌하면서도 우아한 노이트라의 주택은 할리우드 영화와 고급 잡지에 자주 등장하면서 캘리포니아에 새로 건축되는 주택들에 다시 한 번 영향력을 발휘했다. 하지만 작품에 대한 이러한 재발견도 건물이 헐리는 것을 막지는 못해 2002년에는 팜 스프링스에 있는 주택 중 하나가 헐렸다.

널리 인정받는 노이트라이 걸작 카우프만 하우스(1946)

조립 건축의 창시자
찰스 임즈와 레이 임즈

출생	(찰스) 1907년, 미국 미주리 주 세인트루이스
	(레이) 1912년, 미국 캘리포니아 주 새크라멘토
의의	미리 제작된 부분품을 활용한 대표적인 건축가들
사망	(찰스) 1978년, 미국 미주리 주 세인트루이스
	(레이) 1988년, 미국 캘리포니아 주 로스앤젤레스

Charles and Ray Eames

20세기의 이름난 부부 디자이너이자 건축가이다. 독특하고 인기 있는 가구로 칭송받았으며, 이러한 창의력을 건축을 포함한 다양한 분야에 적용했다. 두 사람이 건축한 자택은 20세기의 중요한 주택으로 높은 평가를 받는 조립 건축물 중 하나이다.

임즈 하우스Eames House는 《미술과 건축Arts & Architecture》의 영향력 있는 편집자 존 엔텐자가 구상한 유명한 실험 주택 사업의 하나로 의뢰받은 것이다. 엔텐자는 모더니즘 건축과 잭슨 폴록, 마르크 로스코와 같은 현대 예술가들의 작품을 대중화하는 데 기여한 인물이다.

이 독창적인 실험 주택들의 목표는 모더니즘 설계 원칙의 장점과 함께 어떻게 전통적인 설계로 지어진 기존 주택보다 훌륭한 집을 지을 수 있는지를 보여주자는 것이었다. 에로 사리넨, 리하르트 노이트라, 피에르 쾨니히, 라파엘 소리아노와 같은 20세기 중엽의 주요 건축가들이 대거 참여했고 설계와 건축의 전 과정이 꼼꼼하게 기록되어 잡지에 게재되었다.

임즈 부부는 이보다 앞서 엔텐자의 자택으로 쓰인 실험 주택 건축에도 핀란드 출신 미국 건축가이자 친구인 사리넨과 함께 참여했다. 그러나 임즈 하우스에서는 더욱 독창적인 유리 창고처럼 생긴 건축물이 탄생되었다. 이 주택은 전후에 강철이 부족하여 공사가 지연되었으나 아주 짧은 공사 기간을 거쳐 1949년에 완공됐다. 가파른 언덕과 나무가 줄지어 선 공터 사이에 자리 잡은 임즈 하우스는 가느다란 강철 골조와 유리판 외에 공장에서 표준화하여 생산되는 부분품을 이용하기도 했다. 유리판 일부에 원색을 쓴 것은 데 스테일 양식을 연상시키며 섬세한 벽은 일본의 전통 건축을 참조한 것이다. 바람이 잘 통하는 거실 천장은 2층 높이까지 올라가며, 유리로 된 정면의 일부는 독특한 나무판으로 가려져 있다.

임즈 부부는 그들의 유명한 가구와 마찬가지로 실험 주택에서도 하이 모더니즘의 특징을 요소요소에 도입했다. 유럽의 모더니즘 거장들에게서 때때로 나타나는 엄격한 금욕주의와는 대조적으로 매력적이고 따뜻한 느낌을 표현했다. 부부는 말년까지 임즈 하우스에서 살았고 지금은 이들의 삶과 설계의 기념물로 보존되고 있다.

이들은 동시대 건축가들이 내세운 거창하고 이론적인 접근과는 달리 설계를 중심으로 문제를 해결하는 방식을 솜씨 있게 적용했다. 그래서 그들의 작품은 대안적인 건축 공정을 제시한 중요한 사례로도 평가된다. 최근 들어 1950년대의 디자인 형태가 대중화되고(그들이 디자인한 가구가 적지 않은 영향을 미쳤다) 부분품을 사용한 건축에 대한 관심이 되살아나면서 임즈 하우스는 다시 한 번 연구의 대상이 되고 있다.

독창적인 실험 주택 사업의 하나로 설계된 임즈 하우스(1949)

네오모더니즘 양식의 미술관 설계자
리처드 마이어

출생 | 1934년, 미국 뉴저지 주 뉴어크
의의 | 미술관 설계로 특히 유명한 영향력 있는 네오모더니즘 건축가

Richard Meier

미국의 중요한 네오모더니즘* 양식 건축가이다. 게티 센터로 대표되는 대형 미술관 건축과 흰색의 순수하고 형식적인 특유의 표현으로 명성을 얻었다. 특히 1980년대에 걸출한 기량을 발휘하여 건축계 최고의 상이라고 하는 프리츠커 상을 최연소로 수상했다.

● 네오모더니즘 Neo-Modernism
건축에서 네오모더니즘은 포스트모더니즘의 급진적이고 유희적인 절충주의 이후 1990년대에 모더니즘의 더욱 엄격한 형식 표현으로 되돌아간 것을 가리킨다. 강철과 유리를 사용한 것이 두드러진 특징이다.

★ 아서 드렉슬러 Arthur Drexler
뉴욕 현대미술관의 건축 및 디자인부에서 일하며 큰 영향력을 발휘한 큐레이터

1967년, 아서 드렉슬러*는 신예 건축가 다섯 명을 선정하여 뉴욕 현대미술관에서 중요한 전시회를 열었다. 리처드 마이어는 뉴욕 파이브라고 부르는 이 5인의 건축가 중 한 명이다. 이들 (피터 아이젠만, 마이클 그레이브스, 찰스 과스메이, 존 헤이덕과 함께)은 모더니즘의 유산에 발을 담그고 있다는 점을 제외하면 거의 공통점이 없었지만, 이 전시회와 함께 출간된 책으로 모두 함께 유명해졌다. 이들 뉴욕 파이브는 르 코르뷔지에의 순수주의 주택과 게리트 리트펠트의 슈뢰더 하우스로 대표되는 순수하고 형식적인 초기 모더니즘 표현 방식을 각자의 방식으로 살려내 현대적인 맥락으로 적용하는 방법을 찾고자 했다.

5인 중에서 모더니즘의 재현에 충실했던 유일한 건축가는 마이어였다. 마이어는 흰색으로 칠한 기하학적 형태의 벽, 곡선의 난간과 계단 같은 초기 모더니즘의 특징을 채택하면서도 변화를 주어 자신만의 독특한 형식적 표현을 창조해냈다. 마이어는 뉴욕 파이브의 다른 건축가들과 마찬가지로 모더니즘의 철학적, 정치적인 토대에는 관심이 없었다. 다만 조각적, 미학적인 측면을 탐구하여 유쾌하고 아름다운 현대적 공간을 창출해냈다. 마이어의 건축은 모더니즘을 가장 근본적이고 시각적인 기초 단위까지 분해하려고 시도한 도널드 저드와 같은 미니멀리즘 예술가와 일맥상통하는 면이 있다.

마이어는 설계에서 자연광의 중요성을 강조했다. 빛에 대한 관심

은 그가 최초로 맡은 중요한 건축인 코네티컷 주의 스미스 하우스 Smith House(1965)에도 이미 분명하게 드러나 있었다.

역사적인 도시 인디애나 주 뉴 하모니에 건축한 애서니엄 자료관Atheneum Visitor Center(1979)은 모더니즘을 재구성하여 설계한 그의 성공적인 공공건물이다. 그는 이외에도 독일 아르프 미술관 Arp Museum(1978), 프랑크푸르트 응용미술박물관Frankfurt Museum of Applied Art(1979), 바르셀로나 현대미술관Museum of Contemporary Art(1987), 비벌리힐스 텔레비전·라디오 박물관Museum of Television & Radio 등 유명한 미술관과 박물관을 설계했다. 마이어가 맡은 가장 큰 프로젝트는 캘리포니아의 게티 센터Getty Centre이지만 1997년에 완공된 이 건물은 엇갈린 평가를 받았다.

마이어의 설계는 초기부터 현재까지 매우 일관적이어서 유행에 맞을 때도 있었지만 뒤떨어지기도 했다. 하지만 마이어의 빛나는 흰색 건물은 최근의 미니멀리즘 건축가들에게 중요한 선례가 되었다.

미국 인디애나 주 뉴 하모니에 있는 애서니엄 자료관(1979)

Part 5

Post-Modern to the Present
포스트모더니즘에서 현재까지

하이테크 건축의 개척자
리처드 로저스

출생 | 1933년, 이탈리아 피렌체
의의 | 하이테크 양식의 개척자

Richard Rogers

노먼 포스터, 제임스 스털링과 함께 영국의 현대 건축을 세계적인 반열로 올려놓은 건축가이다. 지난 10년 동안 세워진 가장 상징적이고 유명한 건축물들이 생동감 넘치는 로저스식 하이테크˙ 양식으로 지어졌다.

리처드 로저스는 영국과 미국에서 공부한 뒤 노먼 포스터와 함께 개업했다가 얼마 후 이탈리아 건축가 렌조 피아노와 설계 사무소를 열었다. 1971년, 파리 퐁피두 센터Pompidou Center 건축 디자인 공모에 구조공학자인 피터 라이스와 합작으로 낸 특이한 설계가 당선되었다. 모든 도관과 파이프를 건물 외벽에 스파게티 국수 가락처럼 설치하고 승강기는 투명한 관에서 오르내리는 구조였다. 1976년에 완공된 이 건물에 사람들은 놀라움을 금치 못했으며 관광객들이 끊임없이 몰려들었다. 이 건물은 모더니즘의 쇠퇴에 반발하여 발전한 건축계의 하이테크 운동(구조적 표현주의라고도 불린다)을 반영한 가장 중요하고 사랑받는 작품이다.

자신의 설계 사무소를 연 로저스가 뒤이어 수행한 공사는 런던의 로이즈 빌딩Lloyds Building이었다. 이는 퐁피두 센터와 마찬가지로 모든 도관을 밖으로 드러나게 설계하여 놀라운 장식적 효과를 냈다. 그가 만든 건물들의 이러한 특징 때문에 그에게는 안과 밖이 뒤집혔다는 의미에서 '창자bowel'라는 단어를 붙여 만든 '보웰리스트Bowellist'라는 명칭이 따라붙게 되었다.

로저스가 너무나 앞서가는 대담한 설계로 건축계의 보수파와 충돌을 일으킨 사건은 널리 알려져 있다. 특히 런던 내셔널 갤러리National Gallery 증축 설계(아직 설계안의 상태였다)에 대해 찰스 왕세자는 '괴물 같은 종기'라며 비난했다. 하지만 여러 논란에도 불구하고 로저스는 그 시대의 대표적인 건

● 하이테크High Tech
하이테크의 구조적 표현주의는 1970년대와 1980년대에 두드러졌다. 건물에 사용된 새로운 기술 요소를 숨기지 않고 겉으로 드러냈으며, 구조적인 요소와 파이프 같은 시설 요소를 장식적인 효과를 위해 과감하게 노출했다.

축가 대열에 들어갔으며 전 세계에서 대형 건축 의뢰가 밀려들었다.

최근의 주요 작품으로는 정치적인 문제와 불분명한 용도로 건축적 우수성이 빛을 잃은 런던의 밀레니엄 돔Millennium Dome(1999)이 있으며, 부드럽게 물결치는 지붕과 선명한 색을 사용해 친근하고 편안한 분위기를 구현한 마드리드 바라하스 공항의 터미널 4(2005)도 있다. 터미널 4는 점점 더 인간적이고 생태학적인 경향으로 흐르는 로저스의 설계 방향을 전형적으로 보여주는 작품이다.

2007년, '리처드 로저스 파트너십'은 회사 이름을 '로저스 스터크 하버 앤드 파트너스'로 바꾸었다. 이곳은 현재 가장 크고 중요한 건축 사무소 중 하나이다. 옛 동료인 포스터와 마찬가지로 로저스의 작품도 당대의 포스트모더니즘 접근법보다 생명력이 길어 그의 작품은 세계적인 영향력을 발휘하는 영국 건축의 특징적인 기술 양식이 되었다.

> **"**
> 기술은 그 자체가 목표가 될 수 없으며
> 장기적으로 사회적, 생태학적 문제의
> 해결을 목표로 삼아야 한다.
> **"**

오늘날 파리의 주요 관광 명소가 된 퐁피두 센터(1976)

기술의 거장
노먼 포스터

출생 | 1935년, 영국 맨체스터
의의 | 선도적인 네오모더니즘 양식의 건축가

Norman Foster

같은 세대에서 가장 역량 있는 건축가로 꼽히며 능숙한 기술과 탁월한 세부 표현이 돋보이는 설계로 유명하다. 모더니즘에서 많이 이용하는 자재인 강철과 유리에 특유의 생동감을 불어넣으며 이전에는 불가능했던 기술을 활용했다.

노먼 포스터는 리처드 로저스와 함께 공부하고 건축 사무소를 공동 개업하기도 했다. 로저스가 하이테크 양식을 대담하고 유쾌한 방식으로 발전시켰다면 포스터는 이 양식을 이용하여 좀 더 간결하고 우아한 느낌을 주는 다양한 건축물을 설계했다. 포스터는 치밀한 세부 표현으로 인해 모더니즘의 거장인 미스 반 데어 로에, 아르네 야콥센과 같은 계통으로 분류된다. 하지만 그의 건축은 표면적인 완벽함 아래에 숨어 있는 독창성이 특징이다. 그는 주어진 범주(예를 들어 효율적인 공사 진행이나 부분품 사용 등) 안에서도 완전히 사고를 전환하는 능력을 보여주었는데, 이런 특성이 그가 지은 공항과 마천루들에서 뚜렷하게 드러난다.

'거킨Gherkin'이라고도 불리는 런던의 마천루 30 세인트메리 액스30 St Mary Axe(2004)는 특유의 둥근 형태로 세계에서 가장 눈에 띄는 건물 중 하나가 되었다. 하지만 단지 눈에 띄기만 하는 것이 아니라, 이러한 형태는 실용적인 면에서도 쓸모가 있었다. 거킨 빌딩의 둥근 형태는 풍하중風荷重*을 최소화하고 건물 내의 대류對流를 관리하여 난방비용을 절감해주었다. 환경에 대한 포스터의 세심한 관심은 이 시기에 유럽에서 가장 높은 건물이자 일련의 생태학적 기술을 혁신적으로 구현해낸 건물이라 평가받은 프랑크푸르트 코메르츠방크 타워Commerzbank Tower(1997)에 이미 구현돼 있었다.

1986년에 완공된 홍콩상하이은행 본부(HSBC 본사 건물)에서도 거킨 빌딩과 같은 독창성이 엿보였다. 엄청난 비용이 들어간 이 빌딩

★ 풍하중 wind load
바람의 힘이 구조물에 가해지는 하중

건물 모양 때문에 '거킨'이라는 이름으로 더 많이 불리는
런던의 30 세인트메리 액스 빌딩(2004)

은 당시 격찬을 받은 건축물이었는데 마치 강철로 된 뼈대 안에 유연한 사무실 공간들이 모듈 형태로 달려 있는 것처럼 보인다.

포스터는 공항 디자인에 대한 기존의 설계 원칙을 재검토할 것을 주장했다. 런던의 제3공항인 스탠스테드 공항Stansted Airport(1991)은 거꾸로 뒤집힌 모양의 단순한 건물로 등장하여 그간의 관례를 깨뜨렸다. 이는 커다랗고 가벼운 격납고와 같은 구조물 아래에 모든 시설이 숨겨져 있다. 건물에 어른거리는 자연광은 빅토리아 시대의 기차역을 연상시킨다. 공항의 내부 설계에 적용된 이러한 단순하고 가벼운 접근방식은 홍콩국제공항Chek Lap Kok(1998)에서는 훨씬 더 큰 규모로 발전되었다. 매우 복잡하고 인상적인 설계로 지어진 이 공항은 개간된 부지에 들어섰으며 위에서 내려다보면 마치 새와 같다.

포스터는 대형 기업 건물을 주로 설계했지만 한편으로 다양한 다른 구조물도 세웠다. 그가 설계한 프랑스 남부의 미요 대교Millau Viaduct(2004)는 세계에서 가장 높은 다리이며 길이도 매우 길다. 미요 대교의 섬세하고 우아한 기하학적 형태는 교량이 세워진 계곡의 풍경과 절묘하게 어우러진다.

그의 회사 '포스터 앤드 파트너스'는 20개국에 지사를 둔 세계에서 가장 큰 설계 사무소 중 하나다. 이 회사가 전 세계의 경관에 미친 영향은 상당하다. 건축계를 주도하고 있는 포스터의 설계 사무소에서 유리와 강철을 이용해 만들어낸 엄청나게 많은 회사 사옥들은 이제 아주 흔하고 일반적인 모양으로 굳어졌다.

일본 메타볼리즘 운동의 철학자
구로카와 기쇼

출생 | 1934년, 일본 나고야
의의 | 일본의 메타볼리즘과 이후 공생 건축의 주도적인 지지자
사망 | 2007년, 일본 도쿄

黒川 紀章

널리 호평을 받는 일본의 건축가이다. 세계 모더니즘의 기능주의적인 기계 미학에서 벗어나 일본의 전통적인 공간 개념의 영향을 받은 섬세하고 모호한 느낌을 주는 건축물을 선보였다. 훌륭한 건축가일 뿐 아니라 불교의 영향을 받은 철학서의 저자로도 유명하다.

단게 겐조와 함께 공부한 구로카와 기쇼는 스승을 비롯한 많은 일본 건축가들이 르 코르뷔지에의 기계 미학을 비판 없이 들여오는 것에 충격을 받았다. 1959년, 그는 서구 건축에 대한 비판적인 시각을 담은 평론 〈기계의 시대에서 삶의 시대로 From the Age of the Machine to Age of Life〉를 발표했다. 이후 중요한 순회 국제전시회들에서는 이 화두를 종종 주제로 삼았다.

구로카와는 스물여섯의 나이에 메타볼리즘 운동 Metabolist Movement의 주도자로 갑자기 유명해졌다. 메타볼리즘 운동은 건물의 공간들이 각각 독립적으로 기능을 수행하고 교체될 수 있으며 자연계의 현상처럼 유기적으로 성장한다는 혁신적인 개념을 바탕으로 1960년에 결성된 전위적인 움직임이었다. 이는 같은 시기 런던에서 형성된 아키그램 그룹 Archigram group과 공통점이 많다. 두 단체는 완전히 별개이지만 비슷한 영향력을 발휘했다.

그의 이러한 건축 동향을 보여주는 가장 유명한 작품으로는 나카진中銀 캡슐 타워를 들 수 있다. 나카진 캡슐 타워는 작고 저렴한 호텔 객실인 일련의 소규모 콘크리트 동이 레고 블록처럼 모여 있는 건물이다. 이 초현대적인 건축물은 필요할 경우 독자적으로 기능을 수행할 수 있는 '공간'을 추가하거나 교환할 수 있을 것 같은 모습이다.

구로카와는 불교 철학에 대한 관심이 커지면서 '공생 symbiotic' 건축에 초점을 맞추기 시작했다. 공생 건축이란 공동 영역과 사적인 영역 간의 관계(예를 들면 현관 앞 공간이나 일본의 툇마루 등) 고려, 현지에서 구할 수 있는 자재 사용, 선명한 색상의 자제, 즐거운 활동과 사색이 모두 가능한 모호한 공간 창조의 가능성을 연구하는 건축 동향이다.

1998년에 완공된 쿠알라 룸푸르 국제공항Kuala Lumpur International Airport은 구로카와의 후기 경향을 잘 보여주는 걸작으로, 다섯 개의 활주로가 있는 거대 공항을 열대 숲과 조화롭게 통합하여 큰 갈채를 받았다. 주변의 초목과 잘 어우러지는 공항 건물뿐 아니라 전통적인 이슬람 문화를 떠올리게 하는 형태를 채택하는 등의 문화적인 측면에서도 공생 원칙이 잘 구현되었다. 2006년에 완공된 도쿄의 국립 신미술관 역시 건축에 대한 구로카와의 이론적 접근방식을 전형적으로 보여주는 작품이다. 이 건물의 외관은 의도적으로 모호하게 표현한 물결치는 유리로 이루어져 있는데 구로카와는 이것을 '퍼지fuzzy'라고 불렀다.

세상을 떠날 무렵 그는 대형 사무실을 운영하며 전 세계의 주요 건축물들을 설계하고 있었다. 그는 일본에서 매우 유명한 인물이었다. 인기 여배우와 결혼했으며 유력한 정치인, 유명인사들과 교우했다. 도쿄 지사로 출마하기도 했으나 고배를 마셨다.

처음에는 낯설고 어렵게만 보이던 생태학이나 자연에 대한 존중, 재활용 등 구로카와가 관심을 기울인 많은 문제들이 부분적으로라도 주류 건축에 도입되게 되었다. 구로카와의 초기 조립식 건물 역시 커다란 영향력을 발휘했다. 특히 렌조 피아노, 리처드 로저스와 같은 건축가들이 구현한 하이테크 양식에 영향을 주었다.

일본 메타볼리즘 건축의 대표적인 사례인 나카진 캡슐 타워(1972)

이 시대의 관습타파주의자
장 누벨

출생 | 1945년 프랑스 퓌메
의의 | 뛰어난 독창성으로 관습을 깨뜨린 현대 건축가

Jean Nouvel

왕성한 활동을 펼치고 있는 프랑스의 건축가이다. 풍부한 상상력이 돋보이며 관습을 깨는 건물들을 설계하여 당대의 주도적인 건축가로 세계적인 명성을 얻었다. 어떤 하나의 틀로 쉽게 분류되지 않는 그의 건축물은 대담하지만 독단적이지 않은 기술을 사용하며 색채를 적극적으로 활용하는 것이 특징이다.

장 누벨은 아랍세계연구소 Arab World Institute 건물로 널리 알려졌다. 아랍세계연구소는 프랑수아 미테랑 프랑스 대통령의 '그랑 프로제 Grand Projets' 사업의 일환으로 건립되었다. 그랑 프로제는 일련의 상징적인 건축물을 세워 파리의 이미지 정비를 추진한 사업이다. 1987년에 완공된 아랍세계연구소는 어떤 건물과도 비교할 수 없는 독특한 설계로 만들어졌으며 누벨은 곧바로 건축계의 슈퍼스타로 떠올랐다.

이 건물에서 누벨은 아랍 세계에서 전통적으로 사용하던 '마쉬라비아 mashrabiya'라는 나무 칸막이를 첨단 기술로 재해석해 건물의 남쪽 정면을 멋지게 장식했다. 각각 자동으로 조절되는 복잡한 금속 막들이 끊임없이 움직이며 다른 문양을 만들어내고 건물 안으로 들어오는 빛의 양을 조절한다. 파리의 새로운 이정표가 된 이 건물은 누벨의 건축물이 지니는 한 가지 특징을 여실히 보여주었다. 바로 현대적인 외관을 지녔지만 모더니즘 혹은 포스트모더니즘의 표현 형식이나 이론적인 토대에 의지하지 않는다는 점이다.

2005년 바르셀로나에 세워진 마천루 아그바 타워 Torre Agbar에서는 비슷한 시기에 지어진 노먼 포스터의 30 세인트 메리 액스 빌딩과 비슷한 원통형 외관을 채택했다. 하지만 소박한 자재와 절제된 형식이 특징인 포스터의 빌딩과 달리 누벨의 건물은 다채로운 색채를 뿜낸다. 또한 준공을 기다리고 있는 투르 드 베르 Tour de Verre는 전체가 유리로 덮인 뾰족한 모양의 고층 건물로 당분간 뉴욕에서 가장 이목을 끄는 흥미로운 마천루 중 하나가 될 것으로 보인다.

파리에 있는 아랍세계연구소 건물(1980)

누벨은 문화 관련 건물들로 특히 유명하다. 2006년에 건립된 파리의 케 브랑리 국립박물관Quai Branly Museum은 붉은 벽돌 건물인데 인접한 센 강의 줄기를 형상화하여 구불거리는 형태로 설계되었다. 같은 해 완공한 미니애폴리스의 거스리 극장Guthrie Theatre은 외관에 사진이 투사되는 건물로서, 빛나는 검은 상자처럼 생긴 부분부분이 모여 있다. 이보다 앞서 1994년에 들어선 파리의 카르티에 현대미술관Cartier pour l'Art Contemporain은 더욱 섬세한 건물로 평가된다. 많은 부분 유리로 덮여 있고 가볍고 영묘한 느낌이 감도는 이 건축물은 그곳에 서 있던 나무들을 설계에 포함시켜 자연스러운 분위기를 연출했다.

현재 누벨에게는 계속하여 의뢰가 쏟아져 들어오고 있다. 누벨의 대형 설계 사무소는 전 세계의 중요한 건축물들을 설계하고 있다. 2008년, 누벨에게 최고 권위의 프리츠커 상을 수여한 심사위원들은 '현대 건축의 표현형식을 크게 확장한 건축가'라는 찬사를 보냈다. 뛰어난 독창성을 자랑하는 누벨의 건물들은 단조롭고 천편일률적인 수많은 현대 건축물 중에서 단연 눈에 띄지만, 건축가의 이름에 의존하지 않고 화려함을 추구하지 않는 설계 철학이 선호되고 '스타 건축가'에 대한 추종 현상이 차츰 약해지면서 지금은 그 위상이 주춤하고 있다.

해체주의 건축가
프랭크 게리

| 출생 | 1929년, 캐나다 토론토 |
| 의의 | 논란을 일으킨 해체주의 건물 설계자 |

Frank Gehry

반짝거리는 외관의 독특한 건축물 구겐하임 미술관이 놀라운 성공을 거두며 현대의 유명 건축가의 반열에 올랐다. 해체주의* 경향을 지지하여 동료 건축가들로부터는 계속하여 비판을 받고 있다.

프랭크 게리의 설계는 같은 시대의 일부 포스트모더니즘 건축가들과 마찬가지로 유머 감각을 특징으로 한다. 그는 고전주의를 공개적으로 조롱했으며 건축에서 무거운 느낌을 없애려 했다. 초기 작품인 캘리포니아 항공우주박물관California Aerospace Museum은 건물의 외벽에 폐기된 전투기를 돌출시켜 매달았는데, 이러한 장치는 저속하다기보다는 초현실적인 효과를 자아냈다.

그는 이론적인 종이 건축★과 산타모니카의 특이한 형태의 자택으로 건축계에 알려져 있었다. 산타모니카의 자택에서 게리는 합판과 골함석corrugated iron을 뒤섞어 사용하는 일반적인 교외 주택에 여러 특징을 추가했다. 그 결과 규칙적이고 기하학적인 형상과는 거리가 먼 단편적이고 임시적으로 보이는 주택이 탄생했다. 게리가 이후의 작업에서 채택한 카오스적인 형식 언어는 이때 확립되었다.

그는 스위스 가구업체 비트라가 독일의 바일 암 라인Weil am Rhein에 건립하는 회사 박물관의 설계를 의뢰받았다. 1988년에 완공된 이 기묘하고 기이한 조각 같은 박물관은 그 형태에서 당시의 건축적 관습을 조롱하는 뜻이 분명히 나타나 있다. 이를 계기로 게리에게는 비슷한 설계 의뢰가 연이어 들어왔다. 그 중 가장 유명한 것이 당시 쇠퇴한 산업도시였던 스페인 북부 빌바오 시에 긴축한 구겐하임 미술관Guggenheim Museum이다. 그의 걸작으로 꼽히는 이 미술관의 형상은 물고기에서 영감을 얻은 것으로 유명하다. 독

● 해체주의Deconstructivism
1970년대에 시작된 해체주의 건축은 일반적으로 예상하는 건물의 표현형식을 해체하여 예측할 수 없는 뜻밖의 파편적인 형태를 창조하는 것이다. 비논리적인 설계 방식을 취한다. 동시대의 포스트모더니즘 철학의 영향을 받았다.

★ 종이 건축paper architecture
도면 상태로 존재하는 건축

특한 형상과 소용돌이치는 형태를 구현했으며 빛을 반사해 반짝거리는 티타늄 '비늘'로 건물의 외면을 덮었다. 빌바오는 구겐하임 미술관 하나로 하루아침에 인기 관광지가 되었다. 로스앤젤레스의 월트디즈니 콘서트홀도 이와 비슷한 카오스적인 형식을 취했는데 이번에는 돛에서 착안한 급격하게 하강하는 형태의 금속 외관을 구현했다.

이런 변덕스럽고 기울어진 형태는 그의 주택 건축에서도 그대로 나타난다. 가장 눈에 띄는 것은 캘리포니아 주 브렌트우드에 건축한 초현실주의적인 주택 슈나벨 하우스 Schnabel house(1990)이다. 한편 스코틀랜드 던디의 암 치료 병원 매기 센터 Maggie's Centre(2003)에서 게리의 설계는 한층 부드럽고 이전보다 덜 자유분방한 면모를 뚜렷이 드러냈다.

게리는 모르는 사람이 없을 정도로 유명한 현대 건축가이지만 그의 작품은 건축계에서 상당한 논란을 불러일으켰다. 그의 건축을 높이 평가하지 않는 사람들은 경박할 정도로 상징적이고 반복적인 데다 용도나 내부는 별로 고려하지 않고 눈길을 끄는 외관으로만 승부하려 한다고 비판한다. 하지만 구겐하임 미술관은 반박의 여지가 없는 20세기의 주요 건축물이며, 게리의 건축 방식은 가우디와 마찬가지로 아무나 흉내 낼 수 없는 것이다.

로스앤젤레스에 있는 월트디즈니 콘서트홀(2003)

포스트모더니즘 건축가이자 이론가
로버트 벤투리

출생 | 1935년, 미국 펜실베이니아 주 필라델피아
의의 | 손꼽히는 건축 평론가이자 영향력 있는 포스트모더니즘 건축가

Robert Venturi

전후 건축계를 주도한 인물이며 건축가로서뿐 아니라 학자 및 이론가로도 유명하다. 그의 다양한 작품은 보통 포스트모더니즘 건축으로 평가되지만 그 자신은 그러한 표현을 거부한다.

로버트 벤투리는 에로 사리넨과 루이스 칸의 설계 사무소에서 일했으며 그 뒤 학자로 자리를 잡게 되었다. 첫 저서《건축의 복합성과 대립성 Complexity and Contradiction in Architecture》(1966)이 모더니즘의 정통적인 신조에 급진적인 도전장을 던지며 큰 파장을 일으켰다. 그는 '통일성과 명확성보다는 풍부함과 애매함을, 조화와 단순성보다는 모순과 중복을 장려하는 건축'을 요구했다.

벤투리는 미스 반 데어 로에의 금언인 "적을수록 많다"에 대해 "적을수록 지루하다"라는 말로 응수했다. 그는 모더니즘 건축의 대가인 르 코르뷔지에와 알바 알토에 대해 깊은 존경을 표하면서도, 반 모더니즘 및 포스트모더니즘의 선두에 선 것처럼 보여 종종 모든 비난을 대신 받는 피뢰침 역할을 했다. 하지만 벤투리 자신은 모더니즘 후기의 단조롭고 엉성한 표현을 비난한 것뿐이라고 주장한다.

1972년에 발간한《라스베이거스의 교훈 Learning from Las Vegas》은 더 큰 논란을 불러일으켰다. 이 책은 포스트모더니즘과 20세기 후반의 문화에 대한 중요한 이론서가 되었다. 그는 자본주의의 산물인 라스베이거스의 질 낮은 건축물에 대해 평범한 사람들의 취향에 공감하는 작품이라는 역설적인 평가를 내렸다. 그리고 건축과 설계뿐 아니라 영화와 음악, 사진의 문화적 부활을 위해서는 인공물 artefact의 회복이 필요하다고 주장했다.

그의 건물 중 가장 유명한 바나 벤투리 하우스 Vanna Venturi House(1963)는 초기 작품으로, 종종 최초의 포스트모더니즘 설계로 평가된다. 그는 몰딩, 박공*, 경사진 지붕과 같은 다양한 전통적 요소들을 모더니즘 건축가들이 싫어하는 형태로 변화시켜 인상적인 주택을 만들어냈다.

> ★ 박공 gable
> 옆면 지붕 끝머리에 'Λ' 모양으로 붙여놓은 부분

1969년에 아내 데니즈 스콧 브라운이 합류하여 필라델피아에 설계 사무소를 냈다. 이들은 1970년대에 특히 중요한 의뢰를 많이 받았다. 지금도 '벤투리 스콧 브라운 앤드 어소시에이츠'라는 이름으로 운영되고 있다.

1991년, 벤투리는 런던 내셔널갤러리 세인스버리관 Sainsbury Wing 증축 공사 설계자로 뽑혔다. 그러나 벤투리의 설계에 대해 찰스 왕세자가 이의를 제기하며 격렬한 논쟁으로 번져 결국 재미없고 몸을 사린 듯한 느낌을 주는 석조 건물이 탄생했다. 이는 좋은 평가를 받지 못했으며 심지어 모방작이라는 비판을 받기도 했다. 그 해에 벤투리는 프리츠커 상을 수상했다. 심사위원단은 벤투리가 '건축의 주류를 모더니즘에서 돌려놓았다'고 선정 이유를 밝혔다.

반어적인 절충주의 작품을 창조한 그가 문화에 미친 영향은 건축의 영역을 넘어선다. 그의 항변에도 불구하고 건축계에서 벤투리는 모더니즘에 강력한 타격을 입힌 인물로 평가된다. 그의 영향으로 다양한 건축 분야가 파생되었으며 그는 이들에 이론적인 토대를 제공했다.

어머니를 위해 설계한 바나 벤투리 하우스(1963)

POST-MODERNISM
포스트모더니즘

모더니즘, 특히 르 코르뷔지에가 건축에 미친 영향은
너무도 강력하여 그에 대한 반발이 움트기 시작한 것은
1970년대에 이르러서였다. 선도적인 건축가들은
모더니즘이 설정한 중요한 가정들에 진지하게 의문을
표하기 시작했다.

모더니즘이 종종 공산주의와 연계되어 삶을 향상시키는 기술의 힘과 진보라는 유토피아적 신념에 매여 있었다면 포스트모더니즘은 보다 냉소적이고 비관적인 세계관을 드러냈다. 세계는 분열되었고 하나의 테마가 지배할 수 없다고 믿었다. 이러한 생각은 건축에 도발적인 결과를 낳았으며 한편으로는 보수적이라고 평가되던 전통적인 형태를 복귀시켰다.

    가장 유명한 포스트모더니즘 건축물로 미국의 건축가 필립 존슨(이전에는 영향력 있는 모더니즘 건축가였다)이 존 버기와 함께 설계한 AT&T 빌딩(1984년에 완공되었으며 지금은 소니 빌딩이라 불린다)을 들 수 있다. 이 건물은 빌딩 꼭대기에 신 조지 왕조 양식의 페디먼트를 달아 비난을 받았고, 치펀데일 서랍장이라는 조롱까지 받았다. 이 건물은 일반적으로는 저질이라고 평가되는 건물이나 저급한 모방 건축에서나 볼 수 있던 요소를 대거 도입했다.

    또 다른 대표적인 포스트모더니즘 건축물로는 영국의 건축가 제임스 스털링이 설계하고 1984년에 완공된 슈투트가르트 신 주립미술관Neue Staatsgalerie을 들 수 있다. 이는 고대 그리스 건축을 연상시키는 형상, 진분홍 난간과 같은 선정적인 색채 사용으로 포스트모더니즘 양식을 전형적으로 표

> " 한때는 건축 문법을 다스리는 법이 존재했지만…
> 지금은 혼란과 의견 차이만 있을 뿐이다. "
>
> 찰스 젠크스

현했다는 평가를 받았다.

　미국의 레이건 대통령이나 영국의 대처 수상으로 대표되는 보수적인 정치인들의 관심과도 일맥상통하는 점이 있었던 포스트모더니즘은 1980년대 후반에 절정을 이뤘다. 1960년대에 건축된 사회주택들이 차례로 헐리며 모더니즘은 그 생명을 다한 것처럼 보였다. 모더니즘의 원대한 주택 계획은 포스트모더니즘의 영향을 받은 소규모 사업들로 대체되었다. 대개 규모 면에서 훨씬 더 전통적인 방식을 따른 것이었다.

　포스트모더니즘은 건축에 한정된 것이 아닌 광범위한 문화 운동이었다. 실제로 전설적인 산업 디자이너 에토레 소트사스가 이끄는 멤피스 그룹 Memphis group이 이미 포스트모더니즘의 징후를 드러내고 있었다. 조화롭지 않은 색채의 사용, 전통적인 형식을 놀라운 방식으로 재활용한 그들의 가구는 건축가는 물론이고 많은 포스트모더니즘 실천가들에게 큰 영향을 미쳤다. 포스트모더니즘은 1990년대 말까지 여러 대학에서 주요 연구 대상으로 삼았던 해체주의와 후기 구조주의 철학 운동과도 밀접하게 연관되어 있다.

　건축 비평가 찰스 젠크스는 포스트모더니즘 운동에 대해 큰 관심을 보였다. 젠크스는 유명한 저서들에서 이 주제를 여러 번 다루었는데 그때마다 포스트모더니즘의 정의와 자신의 주장을 바꾸었다. 리처드 로저스의 로이즈 빌딩과 같은 중요한 건물을 포스트모더니즘 건축물로 보아야 할지에 대해서도 아직 평론계는 결론을 내리지 못하고 있다. 현재는 포스트모더니즘에 대해 회의적인 시각이 짙어 포스트모더니즘 건물은 흔히 피상적이고 활기가 없으며 가식적이라는 평가를 받는다. 또 건축가와 평론가들은 종종 포스트모더니즘에 대한 경멸을 담아 '포 모PoMo'라는 용어를 쓰고 있다.

미국 포스트모더니즘의 상징
마이클 그레이브스

출생 | 1934년, 미국 인디애나 주 인디애나폴리스
의의 | 미국의 손꼽히는 포스트모더니즘 건축가

Michael Graves

왕성한 활동을 펼친 미국 건축가로 그의 작품에 대해서는 논란이 많다. 1980년대의 도발적인 작품들로 유명하다. 세계 건축계에서 논란의 대상이면서도 중요한 경향으로 등장한 포스트모더니즘의 확립에 기여했다.

마이클 그레이브스는 마이어와 함께 뉴욕 파이브의 일원이었다. 1969년도 작품인 프린스턴의 베나세라프 하우스Benacerraf House에서는 르 코르뷔지에로부터 영향을 받은 형태가 분명히 나타나지만 곧 이러한 집착을 버리고 포스트모더니즘의 선도적인 주창자가 되었다. 이탈리아 르네상스 건축을 연구해 적용하고 그동안 등한시되었던 건축 전통을 의도적으로 자신의 작품에 접목하기 시작했다.

1982년에 완공된 포틀랜드 시청사Portland Public Services Building는 포스트모더니즘 발전의 이정표가 된 작품으로《타임Time》과《뉴스위크Newsweek》의 표지를 장식했다. 이 건물은 땅딸막해 보이는 비례와 작은 창문, 화려한 색상의 사용과 함께 파란색 리본으로 된 화환(실제로는 콘크리트로 되어 있다)과 같은 장식 요소로 센세이션을 일으켰다. 건축사적으로는 중요한 건물이 되었지만 평론가나 사용자들에게는 그다지 좋은 평가를 받지 못했다.

그러나 1980년대 초 이탈리아 디자인 그룹 알레시, 멤피스와 협력하여 내놓은 작품들은 엄청난 성공을 거두었다. 특히 알레시를 위해 디자인한 피라미드 모양의 주전자로 그는 많은 사람의 입에 오르내리는 유명인사가 되었다.

켄터키 주 루이빌에 건축한 마천루 휴매나 사옥Humana Building에서는 자의식이 강한 다양한 '고전주의' 건축 요소들을 참조하여 기이한 건물을 만들어냈다. 대리석을 내서 사용한 점은 파시스트 이탈리아나 나치 독일의 상징적인 건축물을 연상시킨다.

하지만 그레이브스의 작품 중 가장 도발적인 것은 아마도 디즈니

많은 논란을 불러일으켰으며 안 좋은 평가를 받기도 했던
그레이브스의 포틀랜드 시청사(1982).

> **내게 스타일이 있다고 해도 나는 그게 뭔지 모른다.**

를 위해 설계한 일련의 건물들일 것이다. 영향력 있는 평론가인 찰스 젠크스는 이 건물들을 '저질'로 평가했다. 캘리포니아 주 버뱅크의 팀 디즈니 빌딩Team Disney Building(1991)은 그리스 건축에서 영감을 얻은 삼각형의 정면 페디먼트를 일곱 난장이가 떠받치고 있다. 플로리다 주 올랜도의 호텔들은 더욱 경박하다. 돌핀 호텔Dolphin Hotel은 거대한 피라미드 형상을 채택하고 꼭대기에는 17미터에 이르는 거대한 돌고래 조각상 두 개를 세워놓았다. 그와 한 쌍으로 세워진 다른 빌딩에는 비슷한 크기의 백조 조각상 두 개를 올렸다. 1990년에 완공된 두 건물 사이에는 9층 높이의 커다란 분수가 있는데 바로크 시대 로마의 작은 동굴과 분수를 연상시키면서도 플로리다의 화려함에 맞게 재해석된 것이다.

그레이브스는 두 개의 대규모 설계 사무소를 운영했다. 하나는 건축과 실내장식에, 다른 하나는 설계와 그래픽에 집중했으며 역사주의적인 포스트모더니즘 양식에 충실했다. 포스트모더니즘 자체가 그렇지만 그레이브스의 명성도 지금은 많이 사그라졌다. 하지만 20세기 말 건축사에서 그를 빼놓을 수는 없다. 그레이브스는 전통적인 요소를 써서 문화적 보수주의자들에게 인기를 끌었으며, 미국의 공공건물과 주택 건축에 신고전주의적인 주제를 부활시켰다.

많은 추종자를 거느린 구상 건축가
이토 도요

출생 | 1941년, 대한민국 서울
의의 | 건물만큼이나 아이디어 자체로도 영향력이 큰 구상적인 건축가

伊東 豊雄

추종자를 많이 거느리고 있는 일본 건축가로, 건축 전반에서 변동성이 크고 급진적이면서도 구상적인 접근방식을 추구한다. 가볍고 투명한 몇 개의 건물로 동료 건축가들 사이에서도 두터운 신망을 얻었다. 타협하지 않는 난해한 스타일 때문에 실제 건축으로 이어진 것은 비교적 많지 않다. 그가 동시대 건축가들이 누리는 대중적 인지도를 즐기지 않는다는 의미이기도 하다.

이토 도요는 메타볼리즘 운동의 주요 일원이었던 기쿠다케 기요노리의 설계 사무소에서 건축 일을 시작했다. 기쿠다케는 진정한 모듈식 건축이 사회의 변화에 영향을 줄 수 있다고 믿었다. 메타볼리즘 운동이 흐지부지해지고 이 사상의 목표가 가망 없는 낙관주의로 보일 무렵 이토는 자신의 사무소를 열었다. 그는 이러한 환멸감을 완전히 다른 종류의 건축으로 바꾸어놓았는데, 이는 매우 겸손하고 수수한 일련의 건물들로 나타났다.

1971년 그는 어봇Urbot('도시 로봇Urban Robot'이라는 뜻) 설계 사무소를 열었고 8년 뒤에 좀 더 관례적인 느낌이 드는 '도요 이토 & 어소시에이츠, 아키텍츠'로 이름을 바꾸었다. 처음에는 절제된 주거용 건물을 다양하게 설계했다. 널리 찬사를 받은 화이트 U도 여기에 포함된다. 여동생을 위해 1975년에 설계한 화이트 U는 극도의 수수함과 내면세계를 표현한 주택이다. 콘크리트로 건축한 U자형 단층 건물은 실내가 집 가운데인 뜰로만 면해 있어서 마치 외부 세계로부터 자신을 숨기고 있는 것처럼 보인다.

이토는 이런 극단적인 접근방식에 변화를 주어 투명하고 무게감을 느낄 수 없는 건축으로 발전시켰다. 이러한 특성은 2001년에 완공된 일본 북부의 센다이 미디어테크Sendai Mediatheque에 집약되어 있다. 유연하면서 진화적인 공간으로 구성되어 있는 센다이 미디어테크는 유리관과 같은 건물이 불규칙한 기둥과 아치로 지지되고 있다. 이런 특징은 건물에 연약해 보이는 독특한 분위기를 만들어냈다.

임시 건축물과 일련의 주요 국제 전시회에서는 이런 구상적인 접근방식을 취했지만 도쿄의 한결 전통적인 형태의 상가 건물들을 설계하기도 했다.

그의 아이디어가 점점 건축계에 영향을 미치며 중요한 설계 의뢰가 들어오기 시작했다. 이런 프로젝트들이 앞으로 이토의 영향력을 더욱 확대해줄 것으로 보인다. 2009년에 완공된 타이완 가오슝高雄의 월드게임 주경기장은 주위 지역으로 열려 있는 뱀 같은 형태를 취하고 있는데, 이러한 새로운 형태학은 사람들을 놀라게 했다.

이토의 독창성과 세련된 자재 사용 그리고 철학적 실험은 젊은 건축가들, 특히 일본 건축가들에게 엄청난 영향을 미쳤다. 이에 대해 이토는 자신의 영향력이 획일적이고 활기 없는 미니멀리즘으로 고착되지나 않을까 하는 우려를 표시했다.

> 건물이나 도시 속에서 우리는 상징이 떠다니는 영역 속을 걸어 다닌다. 그리고 이러한 상징들을 엮어 우리에게 의미 있는 공간을 만들어낸다.

이토의 투명하고 가벼운 건축을 전형적으로 보여주는 센다이 미디어테크(2001)

분열된 형태의 창시자
다니엘 리베스킨트

| 출생 | 1946년, 폴란드 우지 |
| 의의 | 해체주의 건축의 선도적인 지지자 |

Daniel Libeskind

분열된 외관을 특징으로 하는 극적이고 기념비적인 건축물을 설계하여 주목받은 건축가이다. 높은 지명도에도 불구하고 그의 건축이 지니는 극단적인 성격으로 종종 논란이 되어 많은 설계도가 실현되지 못하고 제도판 위에 머물렀다.

폴란드에서 태어난 다니엘 리베스킨트는 아코디언을 연주했으나 그의 가족이 이스라엘로, 그리고 뉴욕으로 이주하면서 새롭게 건축을 공부하게 되었다.

리베스킨트는 건축 이론가이자 교육자로 알려져 있지만 50대가 되어서야 자신의 설계도가 건물로 완성되는 것을 볼 수 있었다. 그런데 이 건물이 걸작이었다. 베를린에 들어선 이 유대인박물관 Jewish Museum(1999)은 아연으로 덮인 엄숙한 외관이 마치 번개를 맞아 부서진 것처럼 보인다. 이런 분열된 형태는 박물관 중앙에 있는 '빈 공간void'과 함께 상징적인 의미를 전해준다.

유대인박물관은 리베스킨트와 함께 자주 언급되는 미국 건축가 피터 아이젠만이 2005년 설계한 베를린 유대인학살추모공원 Memorial to the Murdered Jews of Europe과 마찬가지로 외형적으로 독특하면서 무엇보다도 은유적인 건축물로 통한다. 이를 계기로 리베스킨트에게는 전 세계에서 유사한 추모 박물관 의뢰가 연이어 들어왔다.

리베스킨트와 아이젠만(프랭크 게리도 포함하여)은 모두 해체주의와 관련된 인물들이다. 해체주의는 영향력 있는 건축가 필립 존슨과 마크 위글리가 1988년 뉴욕 현대미술관에서 가진 전시회 후에 통용되기 시작한 용어이다. '순수한 형태라는 꿈이 교란된 색다른 감각'이라는 이들의 표현은 아마도 이후 리베스킨트의 작품을 훌륭하게 묘사해주는 말일 것이다.

이러한 교란된 형태는 2002년에 설계한 런던의 빅토리아 앨버트

뮤지엄Victoria & Albert Museum 별관 건물에서 특히 두드러진다. 타일로 덮인 극적으로 기울어진 파편처럼 생긴 건물 설계는 마치 붕괴되고 있는 것처럼 보인다. 이러한 극단적인 외관에 대한 평가는 흥분 섞인 과찬과 맹렬한 반대로 양극화되어 결국 공사 계획은 폐기되고 말았다. 하지만 조금 더 전통적인 형태로 설계한 영국 맨체스터의 노스 임페리얼 전쟁박물관Imperial Museum North은 같은 해에 완공되었다.

2003년에 뉴욕 세계무역센터 자리에 들어설 건축물의 기본 설계를 담당할 건축가로 오랜 논의 끝에 리베스킨트가 선정됐다. 메모리 파운데이션Memory Foundation으로 이름 붙인 리베스킨트의 설계안은 위로 상승하는 듯한 마천루를 주제로 하였다. 하지만 리베스킨트는 점차 중심에서 밀려났고 새로운 교통 허브, 문화센터, 본관 등 이 부지의 중요한 건물들은 데이비드 차일즈, 노먼 포스터, 리처드 로저스, 프랭크 게리 등 다른 주요 건축가들에게 넘어갔다.

2004년에 발간한 자서전《착공: 삶과 건축에서의 모험Break Ground:Adventures in Life and Architecture》은 많은 부수가 팔려 나갔고 여러 언어로 번역되었다. 리베스킨트가 건축계에 어떤 유산을 남길 것인지는 자신의 건축 방식을 어떻게 발전시킬 수 있을지에 달려 있다. 그리고 설계도가 빛을 보기 위해서는 건축 과정에서의 여러 장애물을 어떻게 헤쳐 나갈지가 중요한 관건이다.

베를린 유대인박물관(1999)의 분열된 형태는 매우 상징적이다.

21세기의 건축 이론가
렘 콜하스

출생 | 1944년, 네덜란드 로테르담
의의 | 21세기 초 건축계의 선도적인 이론가

Rem Koolhaas

지난 30년간 건축계를 주도해온 네덜란드의 건축가이다. 독특하고 다양한 설계 못지않게 이론적 입장과 도시계획 개념, 솔직한 언사로도 유명하다.

렘 콜하스는 작가로 출발해 영화 대본을 쓰고 기자로 일하다가 건축을 공부했다. 이러한 경험은 콜하스의 건축에 이론적이고 논쟁적인 성격을 더해주었다. 그는 런던과 뉴욕(코넬 대학교)에서 공부한 뒤 1975년 로테르담에 OMA Office for Metropolitan Architecture 라는 이름의 설계 사무소를 세웠다.

1978년, 저서《광기의 뉴욕 Delirious New York》으로 유명해졌다. 도시에 대한 '반동적 선언'인 이 책은 뉴욕의 미래상을 혼란스럽고 복잡하며 불합리한 곳으로 그리고 있다. 즉 기존의 도시계획 이론의 근본적인 부분에 도전장을 던진 것이다. 그 후 1995년에는 유명한 그래픽 디자이너 브루스 마우와 함께《스몰, 미디엄, 라지, 엑스트라 라지 S, M, L, XL》라는 방대한 책을 써 내 큰 성공을 거뒀다. 이 책은 콜하스의 다양한 작업을 규모별로 나누어 설명하고 있으며 스케치에서부터 관련 없어 보이는 짧은 이야기까지 곁들여져 있다.

건축가로서의 그의 역량은 때로 이런 저서의 성공에 가려지기도 하지만, 르 코르뷔지에의 독창적인 건물 사부아 주택을 재해석하여 만든 파리의 빌라 달라바 Villa D(all)'Ava(1991) 등은 여러 분파의 건축가들에게 중요한 화젯거리가 되었다. 빌라 달라바는 뒤죽박죽된 여러 다른 재료를 혼란스럽게 모은 듯한 모양이 특징이다.

콜하스는 비교적 최근에 들어서야 유리로 된 해체주의적 형태로 건물 정면이 매우 인상적인 시애틀 중앙도서관 Seattle Central Library(2004)과 기이한 형태를 지닌 포르투의 카사 다 무지카 음악당 Casa da Musica concert hall(2005)과 같은 주요한 건물의 설계 의뢰를 받았다.

  구성적이고 도시적인 형태의 고층 건물로 인정받고 후에는 비판도 받게 된 콜하스는 21세기 들어 다양하고 중요한 건축물의 설계로 관심을 돌렸다. 그 중 가장 중요한 작품은 중국의 국영방송사 CCTV 본사 건물이다. 두 개의 거대하고 빛나는 탑이 비스듬히 연결되어 뒤집힌 'U'자 모양을 이룬 CCTV 빌딩에서 그는 의도적으로 상징적인 건축물을 탄생시키려 했다. 현지에서도 논란이 된 이 건물은 전 세계에 보도된 대형 화재 사건으로 완공이 늦어졌다. 화재의 공식적인 원인은 새해맞이 불꽃놀이였다. 콜하스는 세계 경제가 변화함에 따라 '세상을 놀라게 하는 건축'의 시대는 끝이 나고 있으며 2009년에 완공된 이 건물이 그러한 시대의 마지막 유산 중 하나가 될 수도 있다고 말했다.

  콜하스가 현대 건축에 미친 영향을 어떻게 평가해야 할까? 많은 주요 건축가가 콜하스와 함께 공부했고 콜하스의 사무실은 재능 있는 젊은 건축가의 산실 역할을 했다. 하지만 자기 견해를 뒤바꾼다거나 자기 선전에 능란한 점 때문에 그에게는 반대파도 많았다. 일부 사람들은 유행을 좇는 태도라며 콜하스를 비난했다. 콜하스의 이름이 건축 역사에 어떻게 남을지는, 역설적이지만 그가 자신의 이론서들에서 비판했던 기억할 만한 건물 하나를 남기는가 그렇지 않은가에 달려 있다고 할 수 있다.

베이징에 있는 중국 국영방송국 CCTV 본사(2009)

유동적인 형태를 추구한 혁신자
자하 하디드

| 출생 | 1950년, 이라크 바그다드 |
| 의의 | 유동적인 형태로 유명한 독창적인 건축가 |

Zaha Hadid

논란의 중심에 선 현대 건축가로, 강건하고 유기적이며 기이한 형태의 건물을 설계했다. 일반적으로 용인되는 건축의 개념을 한계까지 밀어붙인 인물이다. 건축계에서 대중의 높은 관심을 끄는 몇 안 되는 여성 건축가 중 한 명이다.

이라크 출신의 자하 하디드는 베이루트에서 수학을 전공한 뒤 런던으로 건너가 건축을 공부했다. 영향력 있는 건축가인 렘 콜하스와 협력 작업을 하다 유명한 그의 설계 사무소 OMA에 들어갔다.

1980년에 자신의 사무소를 열었다. 그녀는 당시 교수로서 인지도가 높았지만 실제 설계는 기술 면에서 너무 도전적이라는 평가를 받았다. 1994년, 카디프 만 오페라하우스 Cardiff Bay Opera House 설계 공모에 당선되었으나 오랜 정치적 논쟁 때문에 보류되고 말았다. 그러나 이 일이 언론에 보도되면서 그녀는 세계에 알려졌다.

비트라 소방서 Vitra Fire Station(1994)를 포함한 두 건물을 제외하고는 실제로 건축된 것이 없다가 21세기 들어서야 비로소 의뢰가 밀려들어왔고 이론 건축가라는 오명을 벗어던졌다. 그녀의 건축 사무소는 지금 세계에서 손꼽히는 건축 설계 회사로 명성이 자자하며 전 세계에 그녀가 설계한 건물들이 들어서고 있다. 2004년에는 건축계 최고의 영예인 프리츠커 상을 받았다.

하디드는 건축에 조각을 접목하려 했지만 이런 접근방식은 현대 기술 수준의 한계를 시험하는 것이었다. 그러나 건축 및 공학 소프트웨어가 급속하게 정교해지면서 하디드의 많은 아이디어가 현실로 옮겨질 수 있게 되었다. 하디드의 건물은 종종 직선을 제거하고 그 대신 건물 형태와 주변 환경이 '이음새 없이' 매끈하게 보이도록 한다. 오스트리아 인스부르크의 유명한 베이그이젤 스키 점프 Bergisel Ski Jump(2002)와 노르트파크 강삭철도 빌딩 Nordpark Cable Railway Buildings(2007)에 이러한 특징이 분명히 드러나 있다.

오스트리아 인스부르크에 있는 베이그이젤 점프의 '이음새 없이 매끄러운' 형태

> 나는 처음에 홀로 떨어져 있는 보석처럼 반짝이는 건물을 지으려고 노력했다. 이제 이 보석들을 연결하여 새로운 풍경을 만들어내고 싶다.

평론계로부터 폭넓게 찬사를 받은 좀 더 큰 규모의 작품으로는 독일 볼프스부르크에 건축한 거대한 상어 같은 형상의 파에노 사이언스 센터Phaeno Science Center(2006)가 있다. 그리고 바닥을 곡선 모양의 오르막으로 표현해 도시의 카펫* 공간을 형성한 오하이오 주 신시내티 로젠탈 현대미술관Rosenthal Center for Contemporary Art도 빼놓을 수 없다. 두 건물은 모두 하디드와 오랫동안 함께 일한 패트릭 슈마허가 '매개변수주의parametricism'라고 이름 붙인 접근방법의 대표적인 사례이다.

하디드는 또한 가구, 조명, 심지어 신발에도 개성 넘치는 자신의 표현법을 적용하기 시작했다. 하디드의 화려한 설계는 21세기 초에 일어난 과도한 경제 거품과 연결되어 있으나 현대 건축에서 가장 독특하고 독창적인 작품으로 남게 되었다. 하디드의 강인한 성격과 건축 작품에 대한 평가는 서로 극을 달리지만 그녀의 설계 사무소에서 수행하는 새로운 작업은 언제나 건축계의 높은 관심을 받는다. 하디드는 동료들에게도 계속하여 존경의 대상이 되고 있다.

★ 도시의 카펫urban carpet
하디드가 외부 거리의 시선과 동선을 로비 속으로 자연스럽게 끌어들이기 위해 만든 장치로 수평적인 바닥과 수직적인 벽의 연속면으로 표현된다.

SUSTAINABLE ARCHITECTURE
지속 가능한 건축

지속 가능한 건축에 대해서 사람들은 각자 다르게 해석한다. 우리가 살아가는 방식에 중대한 영향을 미치는 건축가들은 이제 지구가 직면한 생태학적 위기에 대응할 수 있는 새로운 해결책과 자재를 찾는 최전선에 서 있게 되었다.

콘크리트, 석면 등 모더니즘 건물에서 중요하게 사용되던 많은 자재들이 지금은 환경에 나쁜 영향을 미치거나 인체에 위험한 것으로 밝혀졌고 당시의 많은 설계 역시 에너지를 낭비하는 것으로 평가되고 있다. 이제 건축가들은 에너지 효율, 주변 환경에 대한 존중, 재활용 자재나 재활용이 가능한 자재의 사용, 대체 에너지원과 같은 요소를 고려한다. 그러면서 목재가 주된 건축 재료로서 인기를 되찾았다.

특히 건물 옥상을 잔디로 덮는 '초록' 지붕 등 친환경 건축이 실현되고 있는데, 이는 단열 효과를 높여주고 주위 환경과 조화를 이루며 야생생물을 보호해야 한다는 긴요한 과제에도 응하는 것이다. 주목할 만한 예로는 2008년 샌프란시스코 골든게이트 공원 안에 재개관한 캘리포니아 아카데미 오브 사이언스 California Academy of Science를 들 수 있다. 렌조 피아노가 설계한 이 건물은 파도 모양을 이루는 녹색 지붕을 얹었다.

또 다른 두드러진 경향은 폐기된 자재와 구조물을 찾아 용도에 맞추어 활용하는 '재사용'이다. 예를 들어 네덜란드의 2012 아키텍텐 Architecten은 버려진 세탁기의 판들로 구성된 조립식 공간을 선보였다. 수송 컨테이너를 재

> ❝ 이로운 목적을 이루는 데 기술을 사용하고, 환경적으로 책임감 있는 현대 건축을 구축하는 일이 시급하다. ❞
> 리처드 로저스

활용한 건축물은 아예 '컨테이너 건축'이라는 새로운 영역을 탄생시켰다. 2006년 취리히에 들어선 프라이타크Freitag는 컨테이너를 차례로 쌓아 올린 아담한 고층 건물로, 컨테이너 건축의 중요한 사례로 꼽힌다. 일본의 건축가 반 시게루가 설계한 거대한 노매딕 뮤지엄Nomadic Museum(2005) 역시 종이와 판지를 건축 자재로 도입한 것으로 유명하다. 한편 미국의 애덤 캘킨과 같은 건축가들이 컨테이너를 재배치하여 바로 구매가 가능한 기성품 주택을 지으려 했던 시도는 비용이 많이 들뿐더러 근본적인 해결책이 아닌 유행을 좇는 태도에 불과하다는 비판을 받기도 했다.

현대의 지속 가능한 건축은 대부분 극단에서는 벗어난 상태이다. 생태학적 고려가 필수 사항으로 대두되면서 컨설턴트와 전문 조언가들로 구성된 관련 산업과 새로운 미학이 생겨났다. 이러한 경향은 특히 학교와 같은 공공건물에서 분명히 나타난다. 일부 논평가들은 지속가능성은 건물의 기술적인 문제지 건축가들의 관심사와는 별개라고 주장하기도 한다. 그러나 이는 과거에 가장 뛰어난 건축가들, 특히 초기 모더니즘 건축가들이 새로운 자재와 사회 변화를 결합하여 참신하고 혁신적인 건축물들을 탄생시켰던 사실을 간과하는 태도이다.

오늘날 공개적으로 지속가능성이라는 문제를 무시하는 건축가는 거의 없지만 접근방식에는 뚜렷한 차이가 있다. 즉 선동적인 실제 과정을 약간 변경하여 친환경 요소를 포함시키는 부류와 지속가능성이라는 문제를 중심에 내세우고 보다 혁신적인 방식의 소규모 작업을 하는 부류로 나뉜다. 아직 진정한 의미에서 지속 가능한 건축 설계 및 실현성 있는 주류적 접근방식은 개발되지 않았다고 볼 수 있다.

자재와 건축의 혁신자
자크 에르조와 피에르 드 무롱

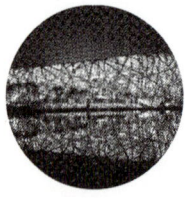

출생	(두 사람 모두) 1950년, 스위스 바젤
의의	새로운 자재를 채택하여 상징적인 건물을 지은 기교를 갖춘 건축가들

Herzog & de Meuron

스위스의 존경받는 2인조 현대 건축가로, 섬세하고 수수께끼 같은 건축으로 이름 높다. 동료 건축가들에게 깊은 인상을 주면서도 대중성 있는 상징적인 건축물을 탄생시키기도 했다. 이들은 특히 참신한 건축 기법과 자재를 사용하는 것으로 유명하다.

어릴 때부터 친구이던 두 사람은 1978년에 고향인 바젤에서 '에르조 앤드 드 무롱'이라는 설계 사무소를 세웠다. 절제된 형태와 정제된 완숙함을 보여준 일련의 건물들로 높은 평가를 받았다. 두 사람의 작품은 종종 '모더니즘적 환원주의'라고 표현된다.

두 사람이 가진 또 하나의 특징은 자재를 능숙하게 다룬다는 점이다. 그들은 프로젝트를 진행할 때마다 특정한 자재 하나를 활용해 최대의 효과를 낸다. 예를 들어 샌프란시스코의 (엠 에이치) 드 영 기념 박물관(M.H.) de Young Museum(2003)에는 구멍이 뚫린 구리가 그물처럼 뒤덮여 있으며, 런던의 라반 무용 센터Laban Dance Centre의 외관은 이중 외피로 된 폴리카보네이트*로 마감되어 있다. 정원 창고나 온실에서 많이 볼 수 있는 폴리카보네이트는 미세하게 빛이 나서 보는 각도에 따라 색깔이 조금씩 달라지는 효과가 있다. '에르조 앤드 드 무롱'은 외부 예술가와의 협력도 즐긴다. 독특한 예술가들이 두 사람의 건축에 조각과 같은 특징을 더해주곤 한다.

두 사람의 작품은 이미 건축계에 소문이 자자했지만 아르데코 양식의 폐쇄 발전소 뱅크사이드Bankside를 개조한 미술관 테이트 모던 Tate Modern으로 대중적인 명성까지 얻게 되었다. 테이트 모던 미술관은 2000년에 개관했다.

2005년에 완공된 뮌헨의 축구 경기장 알리안츠 아레나Allianz Arena 역시 건축적 개가로 평가된다. 건물 전체가 특수 플라스틱의 일종인 얇은 반투명 에틸렌 테트라플루오로에틸렌ethylene

★ 폴리카보네이트polycarbonate
미국의 아폴로 계획에서 비행사의 우주모에도 사용된 고분자 화합물

tetrafluoroethylene(ETFE) 막으로 덮여 있다. 조명이 들어오는 외관은 경기장이 지금 어떤 용도로 사용되고 있는지, 그 경기장의 홈팀 중 어느 팀이 경기를 벌이고 있는지에 따라 색깔이 달라져 극적이고 화려한 효과를 연출해준다.

화가 아이 웨이웨이가 참여한 대규모 팀의 협력으로 2008년에 완공된 베이징 올림픽 주경기장의 설계는 더욱 큰 성공을 거두었다. 이 경기장은 알리안츠 아레나와 반대로 구조물을 일종의 장식으로 노출시켜 '새 둥지'라는 별명을 얻었다. 전 세계 수백만 명이 감탄한 이 건축물은 올림픽과 현대 중국의 상징이 되었다.

'에르조 앤드 드 무롱'은 높은 평가를 받는 현대 건축 사무소로, 건축학도들에게 이 회사의 작품은 선망의 대상이다. 그러나 정작 그들 자신은 이 시대의 유명한 '스타 건축가'가 되는 것에 관심이 없어 보인다. 그들은 이런 부분에서는 늘 초연한 태도를 취하는데(이 회사는 웹사이트조차 없다) 이러한 모습 때문에 대중들의 관심은 더 높아지는 듯하다.

강한 인상을 심어줄 건축물을 찾는 전 세계 고객들이 '에르조 앤드 드 무롱'에 설계를 의뢰한다. 지금 이 시간에도 그들은 뛰어난 기술력을 지닌 업체임을 다시 한 번 증명해줄 일련의 작업들을 수행해가고 있다. 그 중에는 특히 문화와 관련된 프로젝트가 많다.

'새 둥지'라는 별명이 붙은 2008년 베이징 올림픽 주경기장

색인

30 세인트 메리 액스30 St Mary Axe 99, 191, 192, 199
가우디, 안토니오Antoni Gaudí 84-87, 204
게리, 프랭크Frank Gehry 202-205, 221-222
고딕Gothic 11, 14-15, 40, 84, 98, 163
고전주의 건축Classical architecture 11-12, 33, 36-37, 39, 126
공생 건축symbiotic architecture 194-196
과스메이, 찰스Charles Gwathmey 181
구겐하임 미술관Guggenheim Museum(뉴욕) 103
구겐하임 미술관Guggenheim Museum(빌바오) 7, 202-204
구로카와, 기쇼Kisho Kurokawa 194-197
국제주의 양식International Style 110-111, 113, 128, 137, 147, 153, 173
그레이브스, 마이클Michael Graves 181, 212-215
그로피우스, 발터Walter Groupius 65-66, 112, 114-118, 125, 128-129
그린앤드그린Greene and Greene 56-59, 101
나치 독일Nazi Germany 7, 119, 126-127, 213
낙수장Fallingwater 102-103, 173
네오고딕Neo-Gothic 15, 38-40
네오모더니즘Neo-Modernism 113, 180-181, 190

노이트라, 리하르트Richard Neurtra 172-175, 177
누벨, 장Jean Nouvel 198-201
니에메예르, 오스카르Oscar Niemeyer 156-159
단게, 겐조Kenzo Tange 160-163, 195
데 스테일De Stijl 104-107, 123, 177
도시계획 39-40, 43-44, 54-55, 74, 110, 161, 224-225
라이트, 프랭크 로이드Frank Lloyd Wright 78, 96, 99, 100-103, 123, 147, 169, 173
랑 노트르담 대성당Notre Dame de Laon Cathedral 15
렌, 크리스토퍼Christopher Wren 28-32
로스, 아돌프Adolf Loos 40, 90-93, 150, 173
로에, 루트비히 미스 반 데어Ludwig Mies van der Rohe 6, 40, 106, 112, 115, 118-121, 123-125, 128, 137, 150, 165, 191, 207
로저스, 리처드Richard Rogers 186-189, 191, 196, 211, 222, 233
루베트킨, 베르톨트Berthold Lubetkin 132-135, 151
르 코르뷔지에Le Corbusier 7, 83, 103, 106, 108-113, 115, 118, 125, 129, 133-134, 150-151, 156-159, 160-161, 181, 195, 207, 210, 213, 225

리베스킨트, 다니엘Daniel Libeskind 220-223
리트펠트, 게리트Gerrit Rietveld 104-107, 123, 181
마우, 브루스Bruce Mau 225
마이어, 리처드Richard Meier 180-183, 213
마천루skyscrapers 47, 98-99, 94-96, 113, 116, 120, 143-145, 154, 191, 199, 213, 222
매킨토시, 찰스 레니Charles Rennie Mackintosh 68-71, 81, 101
메타볼리즘 운동Metabolist Movement 161, 194-197, 217
모더니즘Modernism 40, 52, 65-66, 73-74, 90-93, 96, 100-125, 128-139, 150-151, 146-175
모리스, 윌리엄William Morris 51, 54
몬드리안, 피트Pieter Cornelis Mondriaan 105
무롱, 피에르 드Pierre de Meuron 234-237
미니멀리즘Minimalism 120, 137, 181-182, 218
미술공예운동Arts and Crafts movement 50-51, 54, 65, 69, 78, 81, 150
바그너, 오토Otto Wagner 72-75, 77, 81-83, 173
바로크Baroque 24-25, 30, 33, 84-85, 91, 157, 215
바르셀로나 전시관Barcelona Pavilion 119-121
바사리, 조르조Giorgio Vasari 11
바우하우스Bauhaus 65-66, 83, 114-117, 129
방갈로bungalows 56-59
배리, 찰스Charles Barry 15
버기, 존John Burgee 137, 210
베르니니, 지안 로렌조Gian Lorenzo Bernini 24-27
베이그이젤 스키 점프Bergisel Ski Jump 229-230
벤투리, 로버트Robert Venturi 206-209
벨데, 헨리 반 데Henri van de Velde 64-67, 81, 115, 123
보이지, 찰스 프랜시스 앤슬리Charles Francis Annesley Voysey 50-53, 55
브로이어, 마르셀Marcel Breuer 128-131
브루넬레스키, 필리포Filippo Brunelleschi 10-13, 37
비트루비우스Marcus Vitruvius Pollio 11, 33, 37
빈 공방Wiener Werkstätte 80-83
빈 분리파Vienna Secession 70, 72, 76-79, 81, 91
빈 우체국 빌딩Austrian Post Office Savings Bank building 73-75
빌라 사보아Villa Savoye 109-111
빙켈만, 요한 요하힘 Johann Joachim Winckelmann 33, 36-37, 39
사리넨, 에로Eero Saarine 164-167, 169, 177, 207
사회주택 사업social housing project 6, 110, 113, 122-125
산업혁명Industrial Revolution 46-47, 51, 54, 150
산 피에트로 대성당Basilica of St Peters 15, 25-27
산타 마리아 델 피오레 대성당Cattedrale di Santa Maria del Fiore 12-13
샤르트르 대성당Chartres Cathedral 15
설리번, 루이스 헨리Louis Henri Sullivan 94-97
세인트 폴 대성당St Paul's Cathedral 15, 21, 28-31
소트사스, 에토레 Ettore Sottsass 211
슈뢰더 하우스Schröder House 104-107, 181
슈립, 램 앤드 하먼 어소시에이츠Shreve, Lamb & Harmon Associates 99
슈페어, 알베르트Albert Speer 40, 126-127
스카모치, 빈센초 Vincenzo Scamozzi 18
스칸디나비아 모더니즘 146-148, 169
스키드모어, 오윙스 앤드 메릴Skidmore, Owings and Merrill(SOM) 99
스털링, 제임스 James Stirling 186, 210
시드니 오페라하우스Sydney Opera House 7, 168-

171

신고전주의Neo-Classicism 7, 16-17, 20-22, 28-30

싱켈, 카를 프리드리히Karl Friedrich Schinkel 38-41, 126

아들러, 당크마르 Dankmar Adler 95-96

아르누보Art Nouveau 58, 60-63, 64-65, 68-70, 77, 81, 84-85, 91

아스플룬드, 에리크 군나르 Erik Gunnar Asplund 153, 169

아이젠만, 피터 Peter Eisenman 181, 221

알토, 알바Alvar Aalto 146-149, 153, 169, 207

애덤, 로버트Robert Adam 32-35

야콥센, 아르네Arne Jacobsen 152-155, 191

에르조, 자크Jacques Herzog 234-237

에펠, 구스타브Gustav Eiffel 47

엔텐자, 존 John Entenza 177

오르타, 빅토르Victor Horta 60-63

오스만, 조르주 외젠Georges-Eugène Haussmann 42-45

오우트, 야코뷔스 요하네스 퍼터르J. J. P. Oud 122-125, 150

올브리히, 요제프 마리아Josef Maria Olbrich 76-79, 81

웃존, 요른 오베리Jørn Oberg Utzon 168-171

윌로 티 룸Willow Tea Rooms 69-71

유겐트 양식(유겐트슈틸)Jugendstil 58, 74, 77, 91

이탈리아 르네상스 7, 10-11, 37, 213

이토, 도요Toyo Ito 216-219

임즈, 찰스/임즈, 레이Charles and Ray Eames 153, 165, 176-179

전원주택garden suburbs 17, 51, 54-55

존스, 이니고Inigo Jones 20-23, 30, 32

존슨, 필립Philip Johnson 7, 125, 131, 136-139, 210, 221

지속 가능한 건축Sustainable Architecture 232-233

철 구조물 46-47

콜하스, 렘Rem Koolhaas 224-227

퀸스 하우스Queen's House 21-23, 30

크리스털 팰리스Crystal Palace 46-47

테라니, 주세페 Giuseppe Terragni 127

트로스트, 파울 루트비히 Paul Ludwig Troost 126

트리시노, 잔 조르조 Gian Giorgio Trissino 17

파시스트 이탈리아Fascist Italy 7, 126-127, 213

팔라디오 양식Palladianism 7, 16-18, 20-22, 39

팔라디오, 안드레아Andrea Palladio 16-19, 21, 33, 108

팩스턴, 조셉Joseph Paxton 47

포스터, 노먼Norman Foster 113, 186-188, 190-193, 199, 222

포스터 앤드 파트너스Foster and Partners 99, 193

포스트모더니즘Post-Modernism 40, 110, 127, 136-138, 181, 188, 199, 203, 206-207, 210-211, 212-215

폰티, 지오Gio Ponti 142-145

퐁피두 센터Pompidou Center 187

하디드, 자하Zaha Hadid 228-231

하워드, 에버니저Ebenezer Howard 54-55

하이테크High Tech 양식 186-187, 191, 196

해체주의Deconstructivism 202-203, 211, 220-221, 225

헤이덕, 존 John Hejduk 181

호프만, 요제프Josef Hoffmann 77, 80-83, 91

히틀러, 아돌프 Adolf Hitler 40, 116, 126-127